호킹의 빅 퀘스천에 대한

간결한 대답

스티븐 윌리엄 호킹(Stephen William Hawking, 1942. 1-2018. 3)은 옥스퍼드 대학교와 케임브리지 대학원을 졸업했다. 그후 케임브리지의 곤빌 앤드 케이어스 칼리지의 교수를 지냈고, 30년간(1979-2009) 케임브리지 대학교의 루카스 석좌교수를 역임했다. 기초물리학상(Fundamental Physics Prize)을 비롯해서 수많은 상과 표창을 받았다.

그의 저서로서는 현대의 고전이 된 『시간의 역사(*A Brief History of Time*)』, 그리고 다수의 일러스트레이션을 넣고 내용을 대폭 보강하여 『시간의 역사』를 개정한 『그림으로 보는 시간의 역사(*The Illustrated A Brief History of Time*)』, 에세이 모음집 『블랙홀과 아기 우주(*Black Holes And Baby Universes And Other Essays*)』, 『호두껍질 속의 우주(*The Universe In a Nutshell*)』, 레오나르드 믈로디노프와 공저한 『짧고 쉽게 쓴 '시간의 역사'(*A Briefer History of Time*)』, 『위대한 설계(*The Grand Design*)』가 있다.

두 번 결혼하여 두 아들과 딸을 둔 그는 2018년 3월 14일에 76세로 영면했다.

호킹의 빅 퀘스천에 대한 간결한 대답

스티븐 호킹

배지은 옮김

까치

Brief Answers to the Big Questions

by Stephen Hawking

Copyright © Spacetime Publications Ltd 2018
Korean translation copyright © 2019 by Kachi Publishing Co., Ltd.
Korean translation rights arranged with United Agents LLP through EYA(Eric Yang Agency).

역자 **배지은**(裵知恩)
서강대학교 물리학과와 동대학원을 졸업했다. 그후 이화여자대학교 통역번역대학원을 졸업하고, 장르 문학과 과학기술서적을 번역하는 프리랜서 번역가로 일하고 있다. 번역한 책으로 『물질의 탐구』, 『입자 동물원』, 『전자부품 백과사전 1, 2, 3』, 『일상적이지만 절대적인 양자역학지식 50』, 『열흘 간의 불가사의』 등이 있다.

호킹의 빅 퀘스천에 대한 간결한 대답

저자 / 스티븐 호킹
역자 / 배지은
발행처 / 까치글방
발행인 / 박후영
주소 / 서울시 용산구 서빙고로 67, 파크타워 103동 1003호
전화 / 02 · 735 · 8998, 736 · 7768
팩시밀리 / 02 · 723 · 4591
홈페이지 / www.kachibooks.co.kr
전자우편 / kachibooks@gmail.com
등록번호 / 1-528
등록일 / 1977. 8. 5
초판 1쇄 발행일 / 2019. 1. 7
　　6쇄 발행일 / 2021. 6. 21

값 / 뒤표지에 쓰여 있음
ISBN 978-89-7291-680-2 03400

이 도서의 국립중앙도서관 출판예정도서목록(CIP)은 서지정보유통지원시스템 홈페이지(http://seoji.nl.go.kr)와 국가자료종합목록시스템(http://www.nl.go.kr/kolisnet)에서 이용하실 수 있습니다. (CIP 제어번호 : CIP 2018042445)

차례

편집자의 말

스티븐 호킹은 과학자, 기술 사업가, 재계의 거물급 인사들, 정치 지도자들과 일반인들에게서 오늘날의 거대한 질문, 곧 '빅 퀘스천(big question)'에 대한 견해를 들려달라는 요청을 꾸준히 받았다. 이에 대해서 스티븐은 연설, 인터뷰, 에세이 등 다양한 형식으로 대답했고, 그 방대한 내용을 모아 개인 자료로 보관했다.

이 책은 스티븐이 개인적으로 보관한 자료에서 발췌한 것으로, 그가 세상을 뜰 무렵 편집 중이었다. 이 책은 그의 과학자 동료들과 가족, 그리고 스티븐 호킹 재단의 협력을 통해서 완성되었다.

수익금 중 일부는 자선단체에 기부할 예정이다.

서문

에디 레드메인

스티븐 호킹을 처음 만난 자리에서 나는 그가 가진 특별한 힘과 금방이라도 무너질 것 같은 외관에 강한 인상을 받았다. 움직일 수 없는 몸 그리고 결연한 눈빛을 담은 그의 눈은 사전 조사를 통해서 이미 익숙했던 이미지였다—얼마 전 영화 「사랑에 대한 모든 것(The Theory of Everything)」에서 나는 스티븐 역을 맡아 연기하면서, 몇 달 동안의 준비 기간 동안 그의 업적과 그가 가진 장애의 특징을 공부하고, 운동 뉴런 질환의 진행 경과를 표현하기 위해서 어떻게 몸을 써야 할지를 연구할 기회가 있었기 때문이다.

그러나 시대의 아이콘이자 경이로운 재능을 지닌 과학자

이며, 컴퓨터로 합성된 목소리와 유난히 표정이 풍부한 눈썹으로 세상과 소통하는 인물인 스티븐 호킹을 드디어 만나게 되었을 때, 나는 적잖이 당황했다. 나는 침묵이 흐르면 신경이 예민해지는 편이라 말을 많이 하는 경향이 있는데, 그에 반해 스티븐은 침묵의 무게와 누군가에게 감시당하는 것 같은 기분이 주는 부담을 온전히 이해하고 있었다. 나는 갈팡질팡하면서 스티븐의 생일이 내 생일과 며칠밖에 차이가 나지 않고, 그래서 우리가 같은 별자리를 타고났다는 얘기를 중얼거렸다. 몇 분 후 스티븐은 이렇게 대답했다. '나는 천문학자입니다. 점성술사가 아니에요.' 그는 또 자신을 '교수님' 말고 스티븐이라고 불러 달라며 단호하게 부탁했다. 그 얘기는 미리 듣고 갔었는데…….

스티븐을 연기하는 것은 특별한 기회였다. 내가 그 역할에 끌렸던 이유는 그의 삶이 과학 분야에서 거둔 외적 승리와 20대 초에 발병한 운동 뉴런 질환에 맞서야 했던 내적 도전이라는 두 가지 면을 동시에 보여주고 있기 때문이었다. 그의 이야기는 인간적인 노력, 가정생활, 위대한 학문적 성취와 평생에 걸쳐 부딪쳐야 했던 장애에 대한 도전이라는 독특하고 복잡하고 풍부한 내용을 담고 있다. 우리는 영화를 통해서 스티븐의 인생이 전하는 감동과 함께 스티븐과 그를 보살폈던 사람들이 보여준 투지와 용기를 그리고 싶었다.

그러나 순수한 쇼맨으로서의 스티븐의 면모를 보여주는 것도 마찬가지로 중요했다. 내가 참고했던 여러 자료들 중에서 마지막까지 내 트레일러에 남은 사진은 세 장이었다. 하나는 혀를 내밀고 있는 아인슈타인 사진인데, 장난기 많고 재치 있는 모습이 호킹과 닮았기 때문이었다. 두 번째는 꼭두각시 인형을 조종하는 조커가 그려진 카드이다. 나는 스티븐이 항상 사람들을 손바닥 위에 올려놓고 있다고 생각했다. 세 번째 사진은 제임스 딘이었다. 그리고 그를 만난 자리에서 받았던 인상이 바로 그것이었다. 반짝임과 유머.

살아 있는 인물을 연기하는 경우에 가장 큰 부담은 자신의 연기를 그 사람에게 직접 설명해야 한다는 것이다. 스티븐의 경우에는 그의 가족도 포함되었다. 영화를 준비하는 동안 가족들은 나를 대단히 너그럽게 대해주었다. 영화가 시작되기 전, 스티븐은 나에게 말했다. '영화가 끝나면 내 생각을 말해주겠습니다. 좋습니다, 아니면 그 반대입니다라고.' 나는 혹시 '그 반대'의 경우라면 그냥 '반대입니다'라고만 말해달라고, 그래서 세세한 내용으로 상처입지 않게 해달라고 부탁했다. 스티븐은 너그럽게도 영화가 무척 재미있었다고 말해주었다. 그러면서, 사람들에게 많이 알려진 대로, 영화는 감동적이었지만 감정에 관한 내용을 좀 덜고 물리 얘기를 더 많이 다루었으면 좋았을 것이라고도 했다. 사실 여기에 대해서는 반박이 불가능하다.

「사랑에 대한 모든 것」 이후에도 나는 호킹 가족과 계속 연락을 하며 지냈다. 스티븐의 장례식에서 헌사를 낭독해달라는 부탁을 받았을 때는 큰 감동을 받았다. 그날은 말할 수 없이 슬펐지만, 청명한 날이었고 사랑과 즐거운 추억과 회고로 가득한 시간이었다. 우리가 기억하는 그는 과학자로서 세상을 이끌었고, 동시에 장애가 있는 사람들이 인정받고 성공할 수 있는 기회를 가지게 해준, 세상에서 가장 용감한 사람이었다.

우리는 아름다운 영혼이자 놀라운 과학자였으며, 내가 지금껏 만난 사람들 중에서 가장 유머러스한 사람을 잃었다. 그러나 장례식에서 그의 가족들이 말했던 것처럼 스티븐의 업적과 유산은 우리 곁에 계속 남아 있을 것이다. 그래서 다양하고 흥미로운 주제에 관해서 스티븐이 쓴 글들을 엮은 이 책을 독자들에게 소개하면서 나는 크나큰 슬픔과 기쁨을 동시에 느끼고 있다. 독자 여러분이 이 책을 재미있게 읽기를 바라며, 버락 오바마의 말을 빌려 지금쯤 스티

분이 별들 사이를 유영하며 즐거운 시간을 보내고 있기를
바란다.

사랑합니다
에디

서론

킵 S. 손

스티븐 호킹을 처음 만난 것은 1965년 7월 영국 런던에서 열린 일반상대성이론과 중력에 관한 학회에서였다. 스티븐은 케임브리지 대학교에서 박사과정을 밟고 있었고, 나는 프린스턴에서 학위를 받은 지 얼마 되지 않은 때였다. 학회장에는 스티븐이 충격적인 이론을 들고 나왔다는 소문이 무성했다. 우리 우주가 무한히 오랫동안 존재한 것이 아니라 과거 어느 특정 시점에 태어난 것이 **틀림없다**는 내용이었다.

그래서 40명 정원인 강당에 100여 명의 사람들과 함께 꾸역꾸역 비집고 들어가서 스티븐의 발표를 들었다. 그는 지팡이를 짚고 걸었고 말투도 다소 어눌했지만, 그것만 아니었다면 불과 2년 전에 진단 받은 운동 뉴런 질환의 징후는 그렇게 심각해 보이지 않았다. 그의 이성은 병의 영향을 전혀 받지 않았다. 그의 명쾌한 추론은 아인슈타인의 일반상대성이론 방정식, 우리 우주가 팽창하고 있다는 천문학자들의 관측, 그리고 사실일 가능성이 매우 높은 몇 가지 단순한 가정에 기반을 두고, 로저 펜로즈가 최근에 개발한 새로운 수학적 기법을 사용하고 있었다. 이 모든 요소들을 영리하면서도 강력하고 충격적인 방식으로 결합시키면서, 스티븐은 결론을 이끌어냈다. 우리 우주는 대략 100억 년쯤 전에 일종의 특이 상태에서 시작되었다는 것이다. (이후 수십 년 동안, 스티븐과 로저는 힘을 합해 특이점[singularity]에서 시간이 시작되었으며 모든 블랙홀의 중심에 시간이 끝나는 특이점이 포함되어 있음을 좀더 신빙성 있게 증명하는 작업에 착수하게 된다)

나는 스티븐의 1965년 강연에서 큰 감명을 받았다. 단순히 그의 가설과 결론 때문만은 아니었고, 그가 보여준 통찰력과 창의성에 특히 놀랐다. 그래서 그 길로 그를 찾아가서 한 시간 정도 개인적인 대화를 나누었다. 그때가 평생에 걸쳐 지속된 우정이 시작된 순간이었다. 그 우정은 과학에 대한 공통된 관심뿐만 아니라 놀라운 공감대와 설명하기는 힘들지만 서로를 인간적으로 이해할 수 있는 능력에 바탕을 둔 것

호킹의 빅 퀘스천에 대한 간결한 대답

이었다. 곧 우리는 과학을 넘어 삶과 사랑, 심지어 죽음에 관한 대화까지 나누며 더 많은 시간을 보내게 되었다. 물론 우리를 묶어주는 가장 강력한 접착제는 과학이었다.

1973년 9월에 나는 스티븐과 그의 아내 제인을 러시아의 모스크바로 데리고 갔다. 극심한 냉전 중이었지만, 나는 1968년부터 2년마다 한 번씩 한 달 정도 모스크바에 가서 야코프 보리소비치 젤도비치가 이끄는 팀의 연구원들과 협동연구를 하고 있었다. 젤도비치는 뛰어난 천체물리학자이자 소련의 수소폭탄의 아버지였다. 핵 관련 기밀을 다루었기 때문에 그는 서방 유럽이나 미국으로의 여행이 금지되어 있었다. 그는 스티븐과 토론할 기회를 가지기를 갈망했지만, 스티븐에게 올 수 없었다. 그래서 우리가 그에게로 갔던 것이다.

모스크바에서 스티븐은 놀라운 통찰력으로 젤도비치와 다른 수백 명의 과학자들을 열광하게 했고, 그 대가로 젤도비치에게 한두 가지를 배웠다. 가장 기억에 남는 일은 스티븐과 나 그리고 젤도비치와 그의 박사과정 학생인 알렉세이 스타로빈스키와 함께 로시야 호텔의 스티븐의 방에서 대화를 나누며 보냈던 오후였다. 젤도비치는 그들이 이룩한 특별한 발견을 직관적인 방법으로 설명했고, 스타로빈스키는 수학적으로 설명해주었다.

블랙홀이 회전하려면 에너지가 필요하다. 우리는 이미 그 사실을 알고 있었다. 젤도비치와 스타로빈스키는 블랙홀이 자체적인 회전 에너지를 이용하여 입자를 만들고, 그 입자들이 스핀 에너지를 가지고 멀리 날아갈 것이라고 설명했다. 이것은 새롭고 놀라운 얘기였지만, 깜짝 놀랄 만큼 놀랍지는 않았다. 물체가 운동 에너지를 가지고 있으면, 자연은 일반적으로 이 에너지를 방출하는 방법을 찾아낸다. 우리는 이미 블랙홀의 회전 에너지를 방출시킬 수 있는 다른 방법들을 알고 있었다. 그러나 이것은 새롭고 예상치 못했던 방법이었다.

이런 대화들은 생각의 방향을 전혀 새로운 곳으로 틀 수 있다는 데에 그 진정한 가치가 있다. 그리고 그것은 스티븐에게도 적용되었다. 그는 몇 달 동안 젤도비치와 스타로빈스키의 발견을 심사숙고했다. 처음에는 한쪽에서 바라보고 다음에는 다른 각도에서 바라보기를 거듭하다가, 어느 날 스티븐의 머릿속에서 진짜 멋진 아이디어가 솟아올랐다. 회전을 멈춘 후에도 블랙홀이 여전히 입자를 방출할 수 있다는 것이다. 블랙홀은 복사를 할 수 있다—마치 태양만큼 뜨거운 것처럼 복사를 하지만 실은 그렇게 뜨겁지는 않고 그냥 미지근한 정도이다. 블랙홀이 무거울수록 온도는 낮아진다. 태양 질량과 비슷한 정도의 블랙홀의 온도가 0.00000006켈빈인데, 이는

호킹의 빅 퀘스천에 대한 간결한 대답

절대영도보다 6만 분의 1도가 높은 것이다. 이 온도를 계산하는 공식은 현재 런던 웨스트민스터 사원의 아이작 뉴턴과 찰스 다윈 사이에 잠들어 있는 스티븐의 묘비에 새겨져 있다.

이 블랙홀의 '호킹 온도(Hawking temperature)'와 '호킹 복사(Hawking radiation)'(이런 이름들이 붙은 것은 어찌 보면 당연한 일이다)는 정말이지 멋진 아이디어였다─아마 20세기 후반에 있었던 이론물리학의 발견 중 가장 멋진 발견이라고 해도 과언이 아닐 것이다. 이 두 개념은 우리에게 일반상대성이론(블랙홀), 열역학(열의 물리학) 그리고 양자역학(아무것도 없는 곳에서 입자가 생김) 사이의 심오한 연결 관계를 볼 수 있는 눈을 뜨게 해주었다. 예를 들면, 호킹 온도와 호킹 복사를 통해서 스티븐은 블랙홀이 엔트로피를 가지고 있음을 증명했다. 그러니까 블랙홀 내부 또는 주위 어딘가에 어마어마한 무작위도(無作爲度, randomness)가 있다는 뜻이다. 그는 엔트로피의 양(블랙홀의 무작위도에 로그를 취한 값)은 블랙홀의 표면적에 비례한다고 유추했다. 그가 개발한 엔트로피에 관한 공식은 그가 몸담았던 케임브리지 곤빌 앤드 케이어스 칼리지에 있는 스티븐의 기념비에 새겨져 있다.

지난 45년 동안 스티븐과 다른 수백 명의 물리학자들은 블랙홀의 무작위도의 정확한 특성을 이해하기 위해서 고심해왔다. 이 문제는 양자이론과 상대성이론의 결합에 대해서, 즉 여전히 이해되지 않는 양자중력 법칙에 관해서 번뜩이는 아이디어를 끊임없이 새롭게 쏟아내고 있다.

1974년 가을에 스티븐은 박사과정 학생들과 가족(아내 제인과 자녀 로버트와 루시)을 데리고 1년 동안 캘리포니아의 패서디나를 방문했다. 그와 학생들은 내가 소속된 칼텍이 제공하는 연구 환경에서 내가 이끄는 연구 팀과 임시로 합동 연구를 진행할 계획이었다. 그 해는 **영광**의 해였고, 이른바 '블랙홀 연구의 황금기' 중에서도 정점이었다.

그 해에 스티븐과 그의 학생들 그리고 내 학생들 중 일부는 블랙홀을 좀더 깊이 이해하고자 노력했고, 나 자신도 어느 정도는 그랬다. 그러나 스티븐이 지도력을 발휘하여 블랙홀 합동 연구 팀을 이끌어주다 보니 나에게는 지난 몇 년 동안 고민했던 새로운 주제를 추구할 여유가 생겼다. 그 주제는 중력파였다.

우주를 가로질러 저 먼 곳의 정보를 우리에게 가져다줄 수 있는 파동은 두 종류이다. 바로 전자기파(빛, X선, 감마선, 마이크로파, 라디오파 등)와 중력파이다.

진동하는 전기력과 자기력으로 이루어진 전자기파는 빛의 속도로 이동한다. 이 전자기파가 라디오나 텔레비전 안테나의 전자처럼 대전된 입자에 영향을 주면 입자를 앞뒤로 흔들게 되고, 이런 식으로 파동이 전달하는 정보를 입자에 싣는다. 그 정보를 증폭시켜 스피커나 텔레비전 화면에 입력하면 인간이 이해할 수 있는 정보로 변환시킬 수 있다.

아인슈타인에 따르면 중력파는 공간의 휨(space warp)에 의한 진동이다. 다시 말해 공간이 팽창하고 수축함으로써 진동을 한다는 것이다. 1972년 매사추세츠 공과대학의 라이너(레이) 바이스는 중력파 검출기를 발명했다. 이 장치는 내부가 진공인 파이프 두 개를 L자 모양으로 두고, 파이프의 양 끝에는 거울이 달려 있는 형식으로 구성되어 있다. 두 파이프 중 하나가 공간의 팽창에 따라 길어지고 다른 하나가 공간의 수축에 따라 짧아지면, 파이프 안에 든 거울 사이의 거리가 그에 따라 각각 변한다. 레이는 레이저 빔으로 이러한 공간의 팽창과 수축의 진동 패턴을 측정할 수 있다고 제안했다. 레이저 빛에서 중력파 정보를 추출하면 그 신호를 증폭시켜 컴퓨터에 입력하고, 인간이 이해할 수 있는 형태로 변환시킬 수 있다.

전파 망원경을 이용하여 우주를 연구하는 학문인 전파 천문학은 갈릴레오가 작은 광학 망원경을 발명하면서 처음 시작되었다. 갈릴레오는 그 망원경으로 목성을 겨냥했고 목성의 위성들 중 가장 큰 위성 네 개를 관측했다. 그후로 400년 동안 전파 천문학은 우주에 대한 우리의 이해에 대변혁을 일으켰다.

1972년에 나는 학생들과 함께 중력파를 이용하여 우주에 대해서 무엇을 알아낼 수 있을지 고민하기 시작했다. 중력파 천문학의 비전을 개발하기 시작한 것이다. 중력파는 공간의 휨의 형태이므로, 시공간의 휨에 의해서 전부 또는 일부가 만들어지는 물체가 가장 강력한 중력파를 만들어낼 수 있다—다시 말해, 블랙홀이 가장 강력한 중력파를 만들 수 있다는 뜻이다. 우리는 스티븐의 블랙홀에 대한 아이디어들을 탐색하고 시험해볼 가장 이상적인 도구는 중력파라고 결론 내렸다.

좀더 일반적으로 보면, 중력파는 전자기파와 근본적으로 달라서 우주를 이해하는 데에 중력파만의 새로운 혁명을 일으킬 것임이 거의 확실해 보였다. 어쩌면 갈릴레오가 일으켰던 거대한 전파 천문학의 혁명에 비할 만한 것일지도 몰랐다—**만일** 이 극도로 발견하기 어려운 파동을 검출하고 관측할 수만 있다면 말이다. 그러나 이 만일은 정말 거대한 **만일**이었다. 지구를 덮은 중력파는 굉장히 약해서 레이 바이스의 L자 관 장치 끝에 달린 거울들이 수 킬로미터 거리만큼 떨어져 있더라도 움직이는 폭은 상대적으로 양성자 지름의 100분

호킹의 빅 퀘스천에 대한 간결한 대답

의 1 정도(원자 크기의 1,000만 분의 1) 이상은 되지 않을 것이라는 계산 결과가 나왔다. 이 정도의 미세한 움직임을 측정하는 것은 굉장한 도전이었다.

그래서 스티븐과 나의 연구 팀이 칼텍에서 합동 연구를 하던 그 영광의 해에, 나는 주어진 시간의 대부분을 중력파 검출의 성공 가능성을 타진하며 보냈다. 스티븐은 대단히 큰 도움이 되었고, 그의 학생인 개리 기번스와 함께 그들만의 중력파 검출기를 설계한 적도 있었다. (실제로 제작되지는 않았다)

스티븐이 케임브리지로 돌아간 직후, 워싱턴 DC의 한 호텔 방에서 레이 바이스와의 집중적인 밤샘 토론을 통해서 나의 고민은 뚜렷한 결론에 도달했다. 중력파 검출에 성공할 가능성은 충분했고, 이를 위해서 레이와 다른 실험 물리학자들과 함께 나와 내 학생들이 이 분야에 헌신하여 남은 연구 경력을 바쳐도 좋겠다는 확신이 선 것이다. 그리고 그 이후에 일어난 일들은, 사람들 말대로 역사가 되었다.

2015년 9월 14일, 라이고(LIGO) 중력파 검출기(이 장비는 레이와 나, 로널드 드레버가 공동 창립하고, 배리 배리시가 조직하고 이끈 1,000명의 과학자로 구성된 프로젝트에서 제작했다)가 최초의 중력파를 확인했다. 파동 패턴을 컴퓨터 시뮬레이션의 예측과 비교한 후, 우리 팀은 이 파동이 무거운 블랙홀 두 개가 지구로부터 13억 광년만큼 떨어져 있는 곳에서 충돌하면서 생긴 것이라는 결론을 내렸다. 이것은 중력파 천문학의 시작이었다. 갈릴레오가 전자기파로 새로운 시대를 열었듯이, 우리 팀은 중력파로 그와 맞먹는 성과를 이룬 것이다.

나는 향후 수십 년 동안 차세대 중력파 천문학자들이 중력파를 이용하여 스티븐이 찾아낸 블랙홀의 물리 법칙을 검증할 뿐만 아니라, 우리 우주의 탄생에서 만들어진 중력파를 검출하고 관측하여 우주가 어떻게 탄생하고 발전했는지에 대한 스티븐과 다른 사람들의 아이디어를 검증할 수 있으리라고 확신한다.

우리의 영광의 해였던 1974-1975년에 스티븐이 합동 블랙홀 연구 팀을 이끌고 나는 중력파에 대해서 머뭇거리고 있던 그때, 스티븐은 호킹 복사 발견 때보다 훨씬 더 중요한 아이디어를 머릿속에 품고 있었다. 블랙홀이 형성되고 이후 복사를 통해서 완전히 증발할 때, 블랙홀 안으로 들어갔던 정보가 밖으로 나올 수 없다는 충격적이면서도 **거의** 빈틈없는 증거를 제시한 것이다. 이렇게 되면 정보는 필연적으로 잃어버리게 된다.

이것이 중요한 이유는 양자물리학 법칙에서는 절대로 정

보들을 완전히 잃어버릴 수 없다고 주장하기 때문이다. 그러므로 만일 스티븐의 생각이 옳다면, 블랙홀은 가장 기본적인 양자역학 법칙을 어기는 셈이 된다.

어떻게 이런 일이 가능할까? 블랙홀의 증발은 양자역학과 일반상대성이론의 결합—그러니까 우리가 여전히 이해하지 못하고 있는 양자중력 법칙의 지배를 받는다. 스티븐은 상대성이론과 양자물리학의 맹렬한 결합이 정보 파괴로 이어진다고 추론했다.

이론물리학자들 중 절대 다수는 이 결론이 터무니없다고 생각한다. 그들은 대단히 회의적이다. 그래서, 소위 이 '정보 모순' 문제를 놓고 44년 동안 씨름을 하고 있다. 이런 온갖 노력과 괴로움은 그만한 가치가 있다. 이 패러독스가 양자중력 법칙을 이해할 수 있는 강력한 열쇠이기 때문이다. 스티븐은 2003년에 블랙홀의 증발 과정에서 정보가 탈출할 수 있는 방법을 찾았지만, 이론학자들의 고통을 거두어주지는 못했다. 스티븐은 정보 탈출을 **입증하지** 못했고, 학자들의 고민은 계속되었다.

웨스트민스터 사원에서 열린 장례식에서, 나는 스티븐을 위한 추모사를 낭독하며 이에 대해서 언급했다. '뉴턴은 우리에게 대답을 주었습니다. 호킹은 우리에게 문제를 주었습니다. 그리고 호킹의 문제들은 그 자체로 수십 년이 지난 지금까지 획기적인 돌파구를 가져다주었고 이는 현재에도 계속 진행되고 있습니다. 앞으로 우리가 양자중력 법칙을 완성하고 우리 우주의 탄생에 대해서 완전히 이해하게 되면, 그 성과는 대부분 호킹의 어깨 위에 올라서서 이루어진 것입니다.'

*

그 영광스러웠던 1974년과 1975년에 내가 중력파에 대한 탐사를 시작했던 것처럼, 스티븐은 양자중력 법칙과 그 법칙이 설명하는 블랙홀의 정보와 무작위도의 본질에 관한 내용, 그리고 우리 우주의 탄생과 블랙홀 안의 특이점의 본질―시간의 탄생과 죽음이 가지는 진정한 본질에 대한 탐사를 시작했다.

이것들은 거대한, 아주 거대한 질문들이다.

나는 빅 퀘스천, 즉 거대한 질문들을 회피해왔다. 나에게는 그런 질문들을 다룰 재주도 지혜도 자신감도 없다. 이와는 대조적으로 스티븐은 언제나 거대한 질문에 이끌렸다. 그 질문들이 그가 연구하는 주제와 관련이 있든 없든 상관없었다. 스티븐은 그런 질문을 다룰 재주와 지혜와 자신감을 모두 갖추고 있었음에 **틀림없다.**

호킹의 빅 퀘스천에 대한 간결한 대답

이 책은 그런 거대한 질문들에 대해서 죽음을 목전에 둔 순간까지 스티븐이 씨름했던 대답을 모은 것이다.

여섯 개의 질문에 대한 대답은 그가 연구했던 과학에 깊숙이 뿌리를 박고 있다. (신은 존재하는가? 모든 것은 어떻게 시작되었는가? 우리는 미래를 예측할 수 있는가? 블랙홀 안에는 무엇이 존재하는가? 시간여행은 가능한가? 우리는 미래를 어떻게 만들어가야 하는가?) 여기에서 독자는 지금 이 소개글에서 내가 간단히 언급한 문제들을 훨씬 더 깊이 있게 토론하는 스티븐을 발견하게 될 것이다.

다른 네 개의 거대한 질문들에 대한 그의 대답은 그가 연구한 과학에 견고하게 뿌리내릴 수는 없는 것들이다. (우리는 지구에서 살아남을 것인가? 우주에는 다른 지적 생명체가 존재하는가? 우리는 우주를 식민지로 만들어야 하는가? 인공지능은 우리를 능가할 것인가?) 그럼에도 그의 대답들은 기대했던 대로 심오한 지혜와 창의적인 면모를 보여주고 있다.

독자 여러분도 나처럼 이 책을 읽으며 흥미로운 지적 자극과 깊은 통찰을 느끼기를 바란다. 즐기시기를!

2018년 7월

왜 우리는 거대한 질문을
던져야 하는가

사람들은 언제나 빅 퀘스천, 즉 거대한 질문에 대한 답을 찾고 싶어했다. 우리는 어디에서 왔는가? 우주는 어떻게 시작되었는가? 이 모든 것의 의미와 의도는 무엇인가? 과연 저 우주 바깥에는 누군가가 존재하는가? 지금까지 과거를 설명해주었던 천지창조 이야기는 이제는 그 중요도가 점점 덜해지고 믿기도 어려워지는 것 같다. 창조론은 뉴에이지에서 「스타 트렉(Star Trek)」에 이르기까지 실로 다양한, 소위 미신이라고 불릴 만한 것들로 대체되었다. 그러나 진짜 과학은 과학소설보다도 훨씬 더 이상하고 훨씬 더 만족스럽다.

나는 과학자이다. 그것도 물리학, 우주론, 우주 그리고 인류의 미래에 깊이 매료된 과학자이다. 나의 부모님은 변함없이 호기심을 품도록, 또 아버지처럼 과학이 우리에게 묻는 수많은 질문들을 고민하고 그 답을 찾도록 나를 키우셨다. 나는 머릿속으로 우주를 종횡무진 여행하며 인생을 보냈다.

왜 우리는 거대한 질문을 던져야 하는가

그리고 이론물리학을 연구하며 거대한 질문들 중 일부의 답을 찾기 위해서 노력했다. 한때는 물리학의 끝을 보게 되리라고 생각한 적도 있었지만, 우리 모두가 알고 있듯이 이제는 내가 떠나고 난 후에도 경이로운 발견들이 오래도록 이어질 것이라고 믿는다. 답에 상당히 근접한 질문들도 있지만, 아직 그 끝에 완전히 도달한 것은 아니다.

문제는 많은 사람들이 진짜 과학은 이해하기 어렵고 복잡하다고 믿고 있다는 것이다. 나는 이 말이 사실이라고 생각하지 않는다. 물론 우주를 지배하는 기본 법칙을 연구하려면 많은 시간을 투자해야 하는데, 대부분의 사람들에게는 시간이 없다. 게다가 이 세상 사람들 모두가 이론물리학을 연구한다면 세상은 서서히 멈추게 될 것이다. 그러나 방정식 없이 이해하기 쉽게 설명하면, 일반인들도 우주 법칙의 기본 개념을 이해하고 그 진가를 알 수 있다. 나는 이것이 가능하다고 믿으며, 이 일은 내가 평생에 걸쳐 노력하고 즐겼던 일이기도 하다.

살아서 이론물리학을 연구할 시간이 허락된 것은 나에게는 큰 영광이었다. 우주에 대한 우리의 그림은 지난 50년 동안 어마어마하게 바뀌었으며, 거기에 내가 조금이라도 기여를 했다면 나로서는 행복한 일이다. 우주 시대는 우리 자신이 인류애를 깨우칠 수 있도록 새로운 관점을 선물했다. 우주에서 지구를 보면 우리는 우리 자신을 전체적으로 보게 된다. 우리는 개체가 아닌 하나로 통합된 존재이다. 이 단순한 이미지는 무척이나 강렬한 메시지를 담고 있다. 하나의 행성, 하나의 인류.

나는 우리 지구 공동체가 당면한 핵심적인 도전들에 대해서 즉각적인 행동을 요구하는 이들에게 내 목소리를 보태고 싶다. 내가 더 이상 여기 있지 않더라도 우리가 앞으로 나아갈 수 있기를, 힘을 가진 사람들이 창의성과 용기와 리더십을 보여줄 수 있기를 바란다. 그들이 지속 가능한 개발이라는 목표를 향해 일어서도록, 그리고 행동하도록, 개인적인 이익이 아닌 공동의 이익을 위해서 움직이도록 하자. 나는 시간의 소중함을 너무나도 잘 알고 있다. 순간을 놓치지 말자. 지금 행동하자.

*

내가 살아온 날들에 관해서는 이전에도 글로 남긴 적이 있지만, 거대한 질문들에 평생을 매료되어 보낸 것을 생각하면 어릴 적 경험 일부를 다시 한번 돌아보아도 좋을 것 같다.

왜 우리는 거대한 질문을 던져야 하는가

나는 갈릴레오가 죽은 날로부터 정확히 300년이 지난 날 태어났다. 나는 이 우연이 과학자로서의 내 인생과 무엇인가 관련이 있다고 생각하는 것을 좋아한다. 그러나 바로 그날 전 세계에서 대략 20만 명의 아기들이 함께 태어났을 것이라고 추정된다. 그 아기들 중 나중에 천문학에 관심을 가지게 된 사람이 몇 명이나 되었을지는 모르겠다.

나는 런던 하이게이트의 높이가 높고 폭이 좁은 빅토리아 스타일의 집에서 자랐다. 부모님은 제2차 세계대전 때 런던이 폭격을 맞아 폐허가 될 것이라고 생각되던 시절에 그 집을 굉장히 싸게 사셨다. 실제로 우리 집에서 멀지 않은 곳에 V2 로켓이 떨어지기는 했었다. 나는 그때 어머니와 여동생과 함께 피난을 가 있었고, 아버지는 운 좋게도 다치지 않으셨다. 이후 몇 년 동안 우리 동네에는 폭탄에 패인 커다란 구덩이가 있었고, 나는 친구 하워드와 그곳에 자주 놀러 갔다. 나는 친구와 함께 내 평생 꺼진 적이 없었던 호기심을 가지고 폭격의 결과를 조사하며 놀았다.

1950년에, 아버지가 일하시던 국립 의학연구소가 런던 북부 끝 밀힐에 새로 지은 건물로 옮겨갔다. 그래서 우리 가족도 그 근처의 세인트 앨번스 대성당이 있는 도시로 이사를 가게 되었다. 나는 걸스 하이스쿨로 전학을 갔는데, 이름은

호킹의 빅 퀘스천에 대한 간결한 대답

그래도 열 살 된 남자아이들이 다니는 학교였다. 그다음에는 세인트 앨번스 학교에 입학했다. 내 성적은 반에서 중간 이상을 넘지 못했지만—우리 반 아이들이 굉장히 영리했다—친구들은 나에게 '아인슈타인'이라는 별명을 지어주었다. 아마도 그 애들이 나에게서 무엇인가 더 나은 조짐을 보았던 모양이다. 열두 살 때 친구 중 하나는 다른 친구와 사탕 한 봉지를 걸고 내가 별 볼일 없는 사람이 될 것이라며 내기를 걸었다고 한다.

세인트 앨번스에서는 예닐곱 명 정도 친한 친구들이 있었다. 그 아이들과 무선 조종 모델에서부터 종교에 이르기까지 그야말로 모든 것에 대해서 긴 토론과 주장을 펼쳤던 기억이 난다. 우리가 토론했던 거대한 문제들 중 하나는 우주의 기원이었는데, 우주가 생기고 이렇게 발전하는 데에 과연 신이 필요한가 하는 것이었다. 나는 먼 은하에서 오는 빛이 스펙트럼의 붉은 쪽으로 쏠린다는 것과 그것이 우주가 팽창하고 있다는 의미임을 들어서 알고 있었다. 그러나 빛의 적색편이에는 무엇인가 다른 이유가 있을 것이라고 확신했다. 어쩌면 빛이 우리에게 오는 동안 지쳐서 붉어지는 것은 아닐까? 내가 볼 때는 근본적으로 변함없이 영원토록 지속되는 우주가 훨씬 더 자연스러워 보였다. (몇 년 후 박사과정에 들어가서 연구를 시작한 지 2년쯤 되었던 1965년에 우주 마이크로파 배경 복사[cosmic microwave background radiation]가 발견되면서 내가 틀렸다는 것을 알게 되었다)

나는 언제나 사물이 어떻게 작동하는지 관심이 많아서 실제로 어떻게 작동하는지 직접 보기 위해서 물건들을 분해하곤 했다. 하지만 다시 조립하는 것은 영 서툴렀다. 내가 가진 실용적 능력은 이론적 자질과 전혀 균형이 맞지 않았다. 아버지는 내가 과학에 대해서 흥미를 가지도록 용기를 주셨고 옥스퍼드나 케임브리지에 진학하기를 열망하셨다. 아버지 당신이 옥스퍼드 대학교의 유니버시티 칼리지를 다니셨기 때문에 나도 그 학교에 가야 한다고 생각하셨던 것이다. 당시에는 유니버시티 칼리지에 수학과가 없어서 별 수 없이 자연과학에서 장학금을 노려야 했다. 그리고 합격을 해서 나 스스로도 깜짝 놀랐다.

당시 옥스퍼드에는 열심히 공부하는 것을 경멸하는 분위기가 만연했다. 노력을 하지 않는 영리한 학생이 되거나, 아니면 자신의 한계를 받아들이고 4등급의 성적을 받는 것이다. 나는 이것을 공부를 하지 말라는 유혹으로 받아들였다. 내가 이것을 자랑스럽게 여겼다는 얘기는 아니고, 단지 당시 동료 학생들과 함께 공유했던 태도를 설명하려는 것뿐이다.

호킹의 빅 퀘스천에 대한 간결한 대답

그리고 나의 병으로 인해서 이런 태도는 완전히 바뀌게 되었다. 일찍 죽을 수도 있다는 가능성과 마주하다 보면, 생을 마감하기 전에 하고픈 일들이 굉장히 많다는 것을 깨닫게 된다.

공부가 부족했던 탓에, 사실에 대한 지식을 묻는 질문들을 피하는 대신 이론물리 문제에 집중해서 기말 시험을 통과해야겠다고 마음먹었다. 그러나 시험 전날 잠을 잘 자지 못해서 시험을 망쳤다. 내 성적은 1등급과 2등급의 경계였고, 최종 등급을 결정하기 위해서 면접을 보아야 했다. 면접장에서 면접관들은 장래 계획에 대해서 물었다. 나는 연구를 하고 싶다고 했고, 1등급을 주시면 케임브리지로 가고 2등급을 주시면 옥스퍼드에 계속 남겠다고 했다. 나는 1등급을 받았다.

기말고사가 끝나고 긴 방학이 시작되자, 대학에서 얼마간의 여행 보조금이 나왔다. 나는 목적지가 멀면 돈을 더 많이 받을 것이라는 생각에 이란에 가고 싶다고 말했다. 1962년 여름 나는 이스탄불행 기차를 타고 여행을 떠났다. 터키 동부의 에르주룸을 거쳐 타브리즈, 테헤란, 이스파한, 시라즈, 그리고 고대 페르시아 왕국의 수도였던 페르세폴리스까지 갔다. 집으로 돌아오는 길에 나와 여행 친구였던 리처드 친은 빈 자아라 지진 때문에 발이 묶였다. 1만2,000명 이상이 사망한, 리히터 규모 7.1의 강한 지진이었다. 그때 나는 분명

왜 우리는 거대한 질문을 던져야 하는가

히 진앙 근처에 있었지만, 그때 병에 걸려 있어 몸이 아프기도 했고, 지진이 나던 순간 굉장히 울퉁불퉁한 이란의 도로 위를 버스로 달리며 이리저리 부딪치고 있었기 때문에 그 사실을 모르고 지나가게 되었다.

지진이 난 다음 며칠 동안은 타브리즈에 머물며 심각한 이질과 버스에서 흔들리다가 앞좌석에 부딪쳐 부러진 갈비뼈의 부상에서 회복하며 시간을 보냈다. 그러는 동안에도 친구와 나 둘 다 이란어를 한마디도 몰랐기 때문에 여전히 지진이 났다는 사실은 모르고 있었다. 한참 후 이스탄불에 도착해서야 무슨 일이 있었는지 알게 되었다. 나는 부모님에게 곧장 엽서를 보냈다. 부모님은 열흘 동안이나 근심하며 연락이 오기를 기다리고 계셨다. 그분들이 마지막으로 들은 소식은 지진이 있던 날 내가 테헤란을 떠나 지진이 난 지역으로 간다는 내용이었기 때문이었다. 나는 지진을 겪기는 했어도 그 이란 여행에서 좋은 기억들을 많이 가지고 있다. 세상에 대한 강한 호기심이 이끄는 대로 가다가 보면 위험한 곳에 발을 들이게 될 수도 있지만, 내 경우에는 이 여행이 아마도 내 인생의 유일무이한 모험이었고, 이 말은 문자 그대로 사실이 되었다.

1962년 10월, 스무 살이던 나는 케임브리지 대학교 응용수학 및 이론물리학과를 선택했다. 처음에는 당시 영국에서 가장 유명한 천문학자였던 프레드 호일 교수 연구실에 지원했다. 여기에서 '천문학자'라는 표현을 쓴 이유는, 당시에는 우주론이 정당한 학문 분야로 거의 인식되지 못했기 때문이다. 그러나 호일 교수의 연구실은 이미 정원이 찼고, 나는 그전까지는 몰랐던 데니스 시아마 교수의 연구실에 들어가게 되었다. 크게 실망했지만, 따지고 보면 호일 교수 연구실에 들어가지 못한 것이 오히려 다행스러운 일이었다. 만일 그때 그 연구실에 들어갔다면 나는 호일의 정상우주론(定常宇宙論, steady-state theory)을 변호하는 일에 휘말렸을 것이고, 그 일은 브렉시트(유럽 연합에서 영국이 탈퇴한 사건/역주) 협상보다도 어려웠을 것이다. 나는 늘 그렇듯이 가장 큰 문제에 이끌려 일반상대성이론에 관한 오래된 교과서들을 읽는 것으로 연구를 시작했다.

아마 독자들 중에는 에디 레드메인이 연기한 굉장히 잘생긴 버전의 나를 영화에서 본 사람도 있을 것이다. 옥스퍼드 3학년 때 점점 행동이 부자연스러워지는 것 같다는 느낌이 들었다. 한 번인가 두 번 정도는 넘어졌을 때 왜 넘어졌는지 이해할 수가 없었고, 스컬링 보트를 타서도 더 이상 노를 제대로 저을 수 없다는 것을 깨달았다.(옥스퍼드 대학 시절에

왜 우리는 거대한 질문을 던져야 하는가

호킹은 조정 클럽에서 키잡이를 했다/역주) 무엇인가 문제가 있다는 것이 점점 분명해졌지만, 의사는 맥주를 끊으라고만 말해서 기분만 상하게 했다.

케임브리지에 도착하고 첫 겨울은 아주 추웠다. 크리스마스 방학 때 집에 와 있는 동안 어머니가 마을의 호수에 나가서 스케이트라도 타보라고 설득하셨지만, 나는 그런 일은 할 수 없다는 것을 잘 알고 있었다. 나는 어머니 앞에서 넘어졌고 아무리 애를 써도 다시 쉽게 일어날 수가 없었다. 어머니는 무엇인가 잘못되었음을 깨닫고 나를 의사에게 데려가셨다.

나는 런던의 성 바솔로뮤 병원에 몇 주일 동안 입원해서 수많은 검사를 받았다. 1962년의 의료 검사들은 지금보다는 다소 원시적이었다. 팔에서 근육 샘플을 떼어내고, 전극으로 자극을 주고, 척추에 방사선 비투과 조영제를 투여하여 침대를 이리저리 기울이면서 X선을 쪼여 조영제의 움직임을 관찰하는 식이었다. 의사들은 사실상 무엇이 문제인지 나에게는 절대로 말하지 않았지만, 나도 상황이 굉장히 나쁘다는 것을 추측으로 충분히 알고 있었으므로 묻고 싶지 않았다. 나는 의사들의 대화에서 '그것'이, 그것이 무엇이든지 간에, 계속 악화되기만 할 뿐이고, 비타민을 투여하는 것 말고는 할 수 있는 것이 아무것도 없다는 사실을 추론하게 되었다.

호킹의 빅 퀘스천에 대한 간결한 대답

실제로 검사를 진행했던 의사는 나에게서 손을 뗐고, 나는 그를 다시는 만나지 못했다.

그러다가 내 병명이 일종의 운동 뉴런 질환인 근위축성 측삭 경화증(ALS)이라는 것을 알게 되었다. 뇌와 척수의 신경 세포가 위축되고, 그런 이후에는 흉터가 남거나 굳어지는 병이었다. 그리고 이 병에 걸린 사람들은 스스로의 운동을 통제할 능력, 말하고, 먹고, 결국에는 숨 쉬는 능력까지 서서히 잃어간다는 것도 알게 되었다.

내 병은 빠르게 진행되는 것 같았다. 당연히 나는 좌절했다. 박사과정 연구를 계속하는 것이 과연 의미가 있는지도 알 수 없었다. 연구를 끝낼 때까지 살아 있을 수 있는지조차 분명치 않았기 때문이었다. 그러나 병의 진행이 늦어지는 기미가 보이자 연구에 대해서 새로운 열의가 샘솟았다. 기대치가 0으로 떨어진 후에는 매일 매일이 새로운 선물이 되었고, 내가 가진 모든 것에 감사하기 시작했다. 생명이 있는 동안에는 희망도 있는 것이다.

그리고 물론 여기에는 파티에서 우연히 만난, 제인이라는 이름의 젊은 여성도 한몫을 했다. 그녀는 내가 처한 상황에 맞서 우리가 함께 싸울 수 있다는 단호한 결의를 가지고 있었다. 그녀의 확신이 나에게 희망을 주었다. 약혼은 내 기운

왜 우리는 거대한 질문을 던져야 하는가

을 북돋웠다. 그리고 우리가 결혼을 하게 된다면, 박사과정을 마치고 일자리를 구해야 한다는 데까지 생각이 미쳤다. 늘 그렇듯이 거대한 문제들이 나를 이끌고 있었다. 나는 열심히 일하기 시작했고 일을 즐겼다.

연구를 하는 동안 경제적으로 독립하기 위해서 곤빌 앤드 케이어스 칼리지의 교수 자리에 지원했고, 정말이지 놀랍게도 합격을 했다. 그 이후로 내내 나는 케이어스의 교수로 지냈다. 교수 임용은 내 인생의 전환점이었다. 그 자리는 내가 몸이 점점 더 불편해져도 연구를 계속할 수 있고, 또 제인과 결혼을 할 수도 있다는 의미였다. 우리는 1965년 7월에 결혼식을 올렸다. 첫아이인 로버트는 결혼하고 2년쯤 후에, 둘째인 루시는 그로부터 3년 후에 태어났다. 셋째 아이인 티머시는 1979년에 태어났다.

아버지로서 나는 아이들에게 항상 궁금한 것을 묻는 일이 얼마나 중요한지를 깨우쳐주려고 노력했다. 셋째 티머시가 한번은 어느 인터뷰에서 질문을 하는 것에 대한 이야기를 한 적이 있는데, 그때 그 아이는 그런 것을 궁금해하는 것이 조금 바보 같아 보일 것이라고 걱정했던 모양이다. 티머시는 우리 주위에 수많은 작은 우주들이 점점이 흩뿌려져 있는 것은 아닌지 궁금해했었다. 나는 그에게 아무리 바보 같아 보

호킹의 빅 퀘스천에 대한 간결한 대답

일지언정(내 말이 아니라 그 아이의 말이다) 아이디어나 가설을 세우는 것을 결코 두려워하지 말라고 말해주었다.

*

1960년대 초에 우주론에서 다루었던 거대한 문제는 우주에 시작이 있는가 하는 것이었다. 수많은 과학자들은 본능적으로 그 아이디어에 반대했다. 창조가 시작되는 시점에서는 과학이 붕괴될 것이라고 생각했기 때문이었다. 우주가 어떻게 시작되었는지를 알기 위해서는 종교에 그리고 신의 손에 의지해야 한다. 이것은 분명히 기본적인 문제였고, 내 박사학위 논문을 완성하기 위해서 꼭 다루어야만 했던 문제였다.

　로저 펜로즈는 죽어가는 별의 반지름이 어느 수준까지 수축하면, 필연적으로 공간과 시간이 종말을 맞이하는 특이점(singularity)이 생긴다는 사실을 밝혔다. 차갑게 식은 큰 질량의 별이 자체 중력에 의해서 붕괴되어 밀도가 무한대인 특이점이 되는 것을 막을 수 있는 것은 아무것도 없으며, 우리는 이 사실을 이미 잘 알고 있었다. 나는 이와 비슷한 내용을 우주의 팽창에도 적용할 수 있을 것이라고 생각했다. 그렇다면 시공간이 시작되는 특이점들이 있다는 것을 증명할 수 있을

왜 우리는 거대한 질문을 던져야 하는가

것이다.

깨달음의 순간은 1970년, 딸 루시가 태어나고 나서 며칠 후에 찾아왔다. 어느 날 저녁, 몸이 불편한 탓에 여느 때처럼 천천히 잠자리에 들 준비를 하던 중에 갑자기, 예전에 특이점 정리를 위해서 개발했던 평범한 구조 이론을 블랙홀에도 적용할 수 있다는 사실을 깨달았다. 일반상대성이론이 정확하다고 가정하고 에너지 밀도가 양(陽)일 때, 외부에서 블랙홀로 물질이나 복사가 들어가면 사건지평선(event horizon)— 블랙홀의 경계면— 의 넓이가 항상 증가하는 특성을 가진다. 또 두 개의 블랙홀들이 충돌하여 하나의 블랙홀로 합쳐지면, 병합된 블랙홀의 사건지평선의 넓이는 원래 블랙홀들의 사건지평선의 넓이를 합친 것보다 크다.

당시는 블랙홀 연구의 황금기였고, 블랙홀에 관한 실제 관측 증거를 얻기 전이었는데도 블랙홀 이론의 주요 문제들을 대부분 다 풀 수 있었다. 사실 고전적인 일반상대성이론은 큰 성공을 거두어서 1973년 조지 엘리스와 함께 쓴 『시공간의 거대 규모 구조(The Large Scale Structure of Space-Time)』를 출간하고 난 후 나는 앞으로 무엇을 해야 좋을지 모르겠다는 기분마저 들었다. 펜로즈와의 협동 연구를 통해서 일반상대성이론이 특이점에서 깨어진다는 것을 밝혔으니, 이제 다음

호킹의 빅 퀘스천에 대한 간결한 대답

단계는 당연히 일반상대성이론(아주 큰 것들의 이론)을 양자 이론(아주 작은 것들의 이론)과 결합시키는 것이었다. 내가 특히 궁금했던 문제는 이런 것이었다. 초기 우주에 형성되었던 아주 작은 원시 블랙홀을 원자핵으로 가지는 원자를 만들 수 있을까? 나는 연구를 통해서 중력과 열역학 사이에 이전까지 생각해본 적이 없던 심오한 관계가 있음을 밝혔고, 지난 30년 동안 계속 논의되었으나 별반 성과는 없었던 모순을 풀었다. 이 모순이란, 소멸 과정이 시작되어 수축하는 블랙홀이 남긴 복사(輻射, radiation)에 애초에 이 블랙홀이 어떻게 생겼는지에 대한 정보가 담겨 있을 수 있는가 하는 것이다. 나는 그 정보가 사라지는 것은 아니고, 단지 쓸모 있는 형태로 되돌아오지 않을 뿐이라는 것을 알아냈다. 그러니까 백과사전을 불태우면 연기와 재만 남는 것과 마찬가지라고 보면 된다.

이 모순을 해결하기 위해서, 나는 블랙홀에서 양자장(量子場, quantum field) 또는 입자가 어떻게 산란되어 나오는지를 연구했다. 처음에는 블랙홀로 들어가는 입사파 일부가 흡수되고 나머지는 산란하는 것으로 예측했었는데, 정말이지 놀랍게도 블랙홀 자체에서 방출이 일어나는 것 같다는 사실을 발견했다. 처음에는 당연히 내가 계산을 틀리게 한 것이라고 생각했다. 그러나 계산 결과가 진짜라는 확신이 들었던 이유

왜 우리는 거대한 질문을 던져야 하는가

는 그렇게 방출되는 양이 블랙홀의 엔트로피로 사건지평선의 면적을 결정할 때 필요한 양과 정확히 일치했기 때문이었다. 엔트로피는 하나의 계의 무작위도로 정의되는데, 블랙홀의 엔트로피는 다음의 단순한 공식으로 요약할 수 있다.

$$S = \frac{Akc^3}{4G\hbar}$$

이 식은 엔트로피를 사건지평선의 면적과 자연의 세 가지 기본 상수인 빛의 속도 c, 뉴턴의 중력 상수 G, 플랑크 상수 $\hbar$로 표현하고 있다. 이 블랙홀로부터의 열복사 방출은 현재는 호킹 복사(Hawking radiation)라고 한다. 나는 내가 이것을 발견한 것이 무척이나 자랑스럽다.

1974년에 나는 왕립 학술회의 회원으로 선출되었다. 같은 학과 소속 동료들은 이 소식에 크게 놀랐다. 나는 나이도 어렸고 직급도 낮은 연구 교수에 불과했기 때문이다. 그러나 그로부터 3년 안에 교수로 승진했다. 나는 블랙홀을 연구하면서 결국에는 우리가 만물의 이론을 발견할 수 있을 것이라는 희망을 가졌고, 그 답을 찾기 위한 여정을 계속해 나갔다.

같은 해에 친구 킵 손이 나와 가족들 그리고 일반상대성이

호킹의 빅 퀘스천에 대한 간결한 대답

론을 연구하는 몇몇 학생들을 캘리포니아 공과대학(칼텍)으로 초대했다. 그전 4년 동안 나는 수동 휠체어와 회전 속도가 약간 느린 바퀴 세 개짜리 파란색 전동 휠체어를 함께 사용하고 있었다. 전동 휠체어에는 가끔씩 불법으로 승객들을 태우고 다니기도 했다. 캘리포니아에서는 캠퍼스 인근에 있는 칼텍 소유의 식민시대풍의 주택에서 지냈는데, 그곳에서 처음으로 온전히 전동 휠체어만 사용하며 즐길 수 있었다. 전동 휠체어를 사용하니 훨씬 더 독립적으로 생활할 수 있었다. 특히 미국의 건물과 보도는 영국보다 장애가 있는 사람들이 훨씬 더 편리하게 이용할 수 있게 되어 있었다.

1975년에 집으로 돌아왔을 때, 처음에는 다소 무기력한 기분이 들었다. 미국에 만연해 있던 '할 수 있다'는 분위기에 비하면 영국에서는 모든 것이 다소 협소하고 제한적인 것처럼 보였다. 게다가 당시에 유행하던 네덜란드 느릅나무병 때문에 나무들이 고사해서 풍경도 황폐했고, 나라 전체가 파업에 시달리고 있었다. 그러나 연구에서 거둔 성공과 1979년 루카스 수학 석좌교수로 선출되면서 다시 사기가 올랐다. 루카스 수학 석좌교수직은 한때 아이작 뉴턴 경과 폴 디랙이 올랐던 자리이기도 했다.

1970년대에 나는 주로 블랙홀을 연구하고 있었다. 그런데

왜 우리는 거대한 질문을 던져야 하는가

초기 우주가 급속한 팽창 기간을 거치면서 마치 영국의 브렉시트 투표 이후 치솟았던 물가처럼 엄청나게 빠른 속도로 커졌다는 가설이 발표되었고, 그 덕에 우주에 대한 새로운 관심이 솟아올랐다. 그때 나는 짐 하틀과 함께 공동연구를 하며 '무경계(no boundary)' 이론이라고 하는 우주 탄생 이론을 구성하기도 했다.

1980년대 초까지 내 건강은 계속 나빠졌다. 후두가 약해지면서 끊임없이 일어나는 질식 발작을 견뎌야 했고, 먹을 때마다 음식물이 폐로 넘어가는 문제 때문에 고생을 했다. 1985년, 스위스의 세른(CERN), 즉 유럽 원자핵 공동 연구소를 방문하던 중에 폐렴에 걸렸다. 정말로 생사를 오가는 순간이었다. 나는 루체른 칸토날 병원에 응급환자로 실려 갔고 그곳에서 곧바로 인공호흡기가 부착되었다. 의사들은 제인에게 더 이상은 아무것도 할 수 있는 것이 없으며 이제는 호흡기를 꺼서 내 생명을 중단시킬 수밖에 없는 상황이라고 말했다. 그러나 제인은 의사들의 말을 거부하고 나를 응급 의료 헬기에 실어 케임브리지의 애든브룩 병원으로 이송했다.

상상이 가겠지만 이때는 정말 힘든 시기였다. 애든브룩의 의사들은 스위스를 방문하기 전 상태로 나를 되돌려놓기 위해서 열심히 노력했다. 그러나 내 후두가 여전히 음식과 침을 폐로 넘기고 있었기 때문에 결국 기관절개를 해야 했다. 독자들 대부분이 다 아시다시피 기관절개를 하면 말을 할 수 없게 된다. 발성은 대단히 중요하다. 발성이 어눌하면 사람들은 정신적으로 좀 부족한 사람인가 보라고 생각하고 그에 걸맞게 대우한다. 기관절개를 하기 전에도 내가 하는 말은 너무 웅얼거려서 나를 아는 몇 사람들만 겨우 이해할 수 있을 정도였다. 그 몇 안 되는 사람들 중에는 내 아이들도 포함되어 있었다. 기관절개 후 한동안 외부와 소통할 수 있는 방법은 문자판을 놓고 누군가 정확한 글자를 짚을 때까지 기다렸다가 눈썹을 치켜 올려서 한 글자씩 단어를 만들어나가는 것뿐이었다.

다행히도 캘리포니아의 월트 월토스라는 컴퓨터 전문가가 내가 겪던 어려움에 대해서 전해 듣고, 직접 만든 '이퀄라이저'라는 컴퓨터 프로그램을 나에게 보내주었다. 이 프로그램을 사용하면 휠체어에서 손으로 스위치를 눌러 컴퓨터에 있는 일련의 메뉴에서 단어를 통째로 선택할 수 있었다. 그후로 몇 년 동안 소통 시스템은 계속 발전했다. 지금 내가 이용하는 프로그램은 인텔에서 개발한 에이캣(Acat)이라고 하는 프로그램인데, 안경에 있는 작은 센서가 내 뺨의 움직임을 감지하여 제어하는 방식이다. 이 프로그램은 휴대전화와 연

왜 우리는 거대한 질문을 던져야 하는가

계되어 있어 인터넷에도 접속할 수 있다. 나는 이 세상에서 네트워크에 가장 밀접하게 연결되어 있는 인간이라고 감히 주장할 수 있다. 그렇지만 오래 전부터 사용해온 처음의 음성 합성기는 지금도 계속 쓰고 있다. 이보다 표현력이 더 좋은 장비를 만나지 못했기도 하고, 미국식 억양이기는 해도 일반인들에게는 이 합성기의 목소리로 내가 많이 알려져 있어서이기도 하다.

1982년에 우주에 대한 대중적인 책을 써보자는 생각을 했다. 한창 '무경계'에 관한 연구를 하던 때였다. 책을 써서 애들 학비도 좀 대고 엄청난 액수의 내 치료비에도 좀 보탤 생각이었는데, 그래도 주된 이유는 우리가 우주를 이해하는 데에 어디까지 왔는지, 우주와 그 안에 있는 모든 것을 설명할 완벽한 이론을 발견하는 데에 어디까지 접근할 수 있을지를 설명하고 싶어서였다. 질문을 던지고 그 답을 찾는 것만이 중요한 것이 아니라, 과학자의 한 사람으로서 우리가 무엇을 알아내고 있는지를 세상과 소통할 의무를 느꼈던 것이다.

그렇게 해서 『시간의 역사(*A Brief History of Time*)』 초판이 1988년 만우절에 출간되었다. 출간 날짜로 딱 어울리는 날이었다. 원래 제목은 『빅뱅에서 블랙홀까지, 시간에 관한 짧은 역사』로 하려고 했었지만 많이 줄여서 'Brief'로 바꾸게 되었고, 그다음은 아마 다들 아실 것이다.

나는 『시간의 역사』가 그 정도로 잘 될 줄은 꿈에도 생각하지 못했다. 물론 내가 장애가 있음에도 이론물리학자가 되고 또 베스트셀러 작가가 된 사연에 독자들이 흥미와 공감을 느낀 것이 큰 도움이 되었을 것이다. 독자들 모두가 책을 끝까지 읽거나 읽은 것을 다 이해하지는 못했겠지만, 적어도 우리의 실존에 관한 거대한 문제들을 고심하고, 우리가 살고 있는 우주가 과학을 통해서 발견하고 이해할 수 있는 이성적 법칙의 지배를 받고 있다는 생각을 가지게 되었을 것이다.

동료들에게 나는 그저 일개 물리학자에 불과하지만, 일반인들에게는 아마도 세계에서 가장 유명한 과학자가 아닐까 싶다. 내가 이렇게 유명해진 이유는 과학자들 대부분이, 아인슈타인은 제외하고, 유명한 록스타들처럼 널리 알려져 있지 않아서이기도 하고, 또 내가 장애를 가진 천재의 정형화된 이미지에 잘 부합하기 때문이기도 하다. 나는 가발이나 선글라스로 변장을 할 수 없다 ─ 휠체어가 언제나 내 존재를 적나라하게 드러내주니까. 유명 인사가 되고 남의 눈에 쉽게 띄는 데에는 장점과 단점이 있지만, 장점이 단점을 덮고도 남는다. 사람들은 나를 만나는 것을 진심으로 기뻐하는 것 같다. 2012년 런던 장애인 올림픽 개회식에서 연설을 했을

왜 우리는 거대한 질문을 던져야 하는가

어렸을 때 꿈은 무엇이었습니까?
그리고 그 꿈은 이루었습니까?

나는 위대한 과학자가 되고 싶었습니다. 그러나 학교 다닐
때 썩 훌륭한 학생은 아니었고, 반에서 겨우 중간 정도
가는 수준이었지요. 숙제는 항상 엉망이었고, 손글씨도
매우 잘 쓰지 못했습니다. 하지만 학교에서 좋은 친구들을
많이 사귀었습니다. 우리는 모든 것에 대해서 이야기했고,
그중에서도 특히 우주의 기원에 대해서 많은 대화를
나눴습니다. 이때가 내 꿈이 시작된 때였고, 그 꿈이
이루어져와서 나는 무척 운이 좋은 사람입니다.

때는 내 평생에 가장 많은 청중을 만날 수 있었다.

*

나는 이 행성에서 아주 특별한 삶을 살았고, 물리학 법칙과 머릿속 생각을 이용하여 우주를 여행하며 살았다. 나는 우리 은하에서 가장 먼 끝까지 가보았으며, 블랙홀 안에도 들어가보았고 시간이 시작되는 순간으로 거슬러가보기도 했다. 지구 위에서 나는 좋은 일과 나쁜 일을 다 겪어보았고, 혼란과 평화, 성공과 괴로움을 모두 경험했다. 부자였던 적도 있었고 가난한 적도 있었다. 자유로운 몸과 장애가 있는 몸도 모두 가졌었다. 찬사도 받고 비판도 받았지만, 사람들이 나를 모르고 지나쳤던 적은 없었다. 나는 연구를 통해서 우주에 대한 이해를 넓히는 데에 기여하는 엄청난 특혜를 누렸다. 그러나 내가 사랑하는 사람, 나를 사랑하는 사람들이 아니었다면, 우주는 그저 텅 빈 공간에 불과할 것이다. 그들이 없었다면 우주의 경이는 나에게 아무 의미도 없었을 것이다.

　그리고 이 모든 것의 끝에는 우리 인간이, 단순히 자연의 기본입자들로 구성되었을 뿐인 우리들이, 우리를 지배하고 우주를 지배하는 법칙을 이해할 수 있게 되었다는 사실이 있다.

왜 우리는 거대한 질문을 던져야 하는가

이는 실로 위대한 업적이다. 나는 이 거대한 문제들과 그 탐색 과정에 대해서 내가 품었던 열의와 열정을 공유하고 싶다.

나는 우리가 언젠가 이 모든 문제의 답을 알게 되리라고 소망한다. 그러나 답을 구해야 하는 다른 도전들, 다른 거대한 문제들도 이 행성에는 존재한다. 그리고 다음에 올 세대는 과학을 제대로 이해하고 이런 문제들에 흥미를 품고 몰입할 수 있어야 한다. 날로 늘어가는 인구를 어떻게 먹여 살릴 것인가? 어떻게 깨끗한 물을 공급하고, 재생 가능한 에너지를 생성하고, 질병을 예방 치료하고 지구의 기후 변화를 늦출 것인가? 나는 과학기술이 이 문제들에 대한 답을 찾아줄 것이라고 희망하지만, 이를 실행하려면 사람들이 필요하다. 모든 인간에게 건강한 삶, 안전한 삶, 기회와 사랑이 가득한 삶을 살아갈 기회를 주기 위해서 함께 싸워 나가자. 우리 모두는 기본적으로 시간여행자들이며, 함께 미래를 향해 여행하는 동반자들이다. 그러나 그 미래가 우리가 방문하고 싶은 곳이 되게 하려면 함께 부단히 노력해야 한다.

용감하게, 호기심을 가지고, 단호하게 장애물을 극복하자. 우리는 그렇게 할 수 있다.

1
신은 존재하는가?

종교의 영역에 속해 있던 질문들의 답을 과학이 내놓는 경우가 점차 늘고 있다. 종교는 우리 모두가 품고 있는 의문의 답을 찾는 첫 시도였다. 우리는 어디에서 왔으며, 왜 지금 여기 있는가? 옛날에는 그 대답이 항상 같았다. 신이 모든 것을 만들었다는 것이다. 이 세상은 무서운 곳이었다. 그래서 번개, 천둥, 일식 같은 자연 현상을 납득하기 위해서 바이킹 같은 거칠고 강한 사람들조차도 초자연적인 존재를 믿었다. 요즘은 과학이 좀더 괜찮고 일관성 있는 대답을 제시한다. 그래도 사람들은 언제나 종교에 매달릴 것이다. 종교가 위안을 주기 때문이기도 하고, 사람들이 과학을 믿지도 이해하지도 않기 때문이기도 하다.

몇 년 전 『타임』지 1면에 이런 헤드라인이 실린 적 있다. '호킹 : 신은 우주를 창조하지 않았다.' 그 기사에는 삽화도 딸려 있었다. 미켈란젤로의 그림 속의 신이 몹시 화가 나 있는 모습이었고, 그 옆에는 의기양양해 하는 내 사진도 함께 인쇄되어 있었다. 그 장면은 마치 우리 둘 사이의 결투 같아 보였다. 그러나 나는 신에 대해서 특별한 원한이 없다. 내가 하는 연구가 신의 존재를 입증하거나 부정하려는 것이라는 인상을 주고 싶지도 않다. 내 연구는 우리를 둘러싸고 있는 우주를 이해할 수 있는 이성적 기틀을 찾는 것이다.

지난 수백 년 동안 사람들은 나처럼 장애를 가진 사람들은 신이 내린 저주를 받은 것이라고 믿었다. 글쎄다. 내가 저 위에 계신 누군가를 화나게 했을 수도 있겠지만, 그래도 나는 다른 식으로, 그러니까 자연의 법칙에 따라 설명할 수 있다는 식으로 생각하는 것을 더 좋아한다. 과학을 믿는 사람들은, 나도 그렇지만, 언제 어느 상황에서도 지켜지는 어떤 법칙이 있다는 것을 믿는다. 원한다면 그 법칙을 신의 섭리라고 부를 수도 있지만, 이것은 신의 존재에 대한 증거라기보다는 정의(定義)이다.

기원전 300년경에 살았던 아리스타르코스라는 철학자는 식(蝕), 그것도 특히 달의 식인 월식(月蝕)에 매료되었다. 그는 용감하게도 그 현상이 정말로 신들이 만든 것인지 의문을 품었다. 그런 의미에서 아리스타르코스는 진정한 과학의 선구자였다. 그는 신중하게 하늘을 연구한 끝에 대담한 결론에 이르렀다. 식은 신들의 손에 의한 작용이 아니라 지구가 달 위쪽을 지나갈 때에 생기는 그림자라는 사실을 깨달은 것이다. 이 사실을 발견함으로써 편견에서 해방된 아리스타르코스는 머리 위에서 실제로 일어나는 일들을 신중히 관찰했고, 태양과 지구, 달 사이의 관계를 정확히 보여주는 그림을 그리게 되었다. 그리고 여기에서 출발하여 훨씬 더 주목할 만한 결론에 도달했다. 당시 모든 사람들이 지구를 우주의 중심이라고 생각했지만, 그는 지구가 태양 주위를 돌고 있다고 추론했다.

사실 태양과 지구와 달의 배치를 제대로 이해하면 일식과 월식 현상을 전부 설명할 수 있다. 달이 지구 위에 그림자를 드리우면 일식이 생긴다. 그리고 지구의 그림자가 달을 가리면 월식이다. 그러나 아리스타르코스는 한 걸음 더 나아갔다. 그는 동시대 사람들이 믿었던 것처럼 별들이 넓고 평평한 하늘의 갈라진 틈으로 새어나오는 반짝이는 빛이 아니라 우리 태양과 비슷한 다른 태양이며, 다만 우리에게서 굉장히 멀리 있는 것뿐이라고 설명했다. 당시로서는 굉장히 충격적인 깨달음이었을 것이다. 우주는 원칙이나 법칙에 의해서 지배를 받는 장치이고, 인간은 이성을 통해서 그 법칙을 이해할 수 있다.

신은 존재하는가?

나는 이런 법칙들을 발견하는 것이 인류의 가장 위대한 성취라고 믿는다. 애초에 우주를 설명하기 위해서 신이 필요한지 아닌지를 알려주는 것이 이른바 이런 자연의 법칙들이기 때문이다. 자연의 법칙은 사물이 과거, 현재, 미래에 어떻게 작동하는지에 대한 설명이다. 테니스를 칠 때 공은 항상 자연의 법칙이 날아갈 것이라고 예측하는 곳으로 간다. 그리고 라켓을 휘두르는 테니스 선수의 근육에서 에너지를 만드는 과정과 공이 코트 바닥에서 자라는 풀에 닿는 순간의 속도에 이르기까지, 수많은 자연의 법칙들이 모든 것에 관여한다.

그러나 여기에서 정말로 중요한 점은 이런 물리 법칙들이 언제나 변함없이 성립할 뿐 아니라 우주 전체에 보편적으로 적용된다는 것이다. 이 법칙은 공의 움직임에만 적용되는 것이 아니라 행성의 운동과 우주 전체의 다른 모든 것에도 적용된다. 인간이 만든 법과는 달리 자연의 법칙은 결코 깨지지 않는다―그래서 자연의 법칙이 그토록 강력한 것이며, 그렇기 때문에 종교적 관점에서 볼 때 논란의 여지가 많은 것이다.

독자들도 나처럼 자연의 법칙이 불변이라는 사실을 받아들인다면, 곧 이런 의문을 품게 될 것이다. 그렇다면 여기에서 신이 하는 역할은 무엇인가? 바로 이것이 과학과 종교 사이의 모순에서 큰 부분을 차지하는 의문이며, 비록 최근에 신문 헤드라인을 통해서 나의 견해인 것처럼 알려지기는 했어도 사실은 고대로부터 이어져오는 충돌이다. 누군가는 신을 자연의 법칙이 구체화된 모습이라고 정의할 수도 있다. 그러나 대부분의 사람들이 생각하는 신의 모습은 그렇지 않다. 사람들은 인간과 같은 외모의 신을 머릿속에 그리고 인간과 신이 사적인 관계를 맺을 수 있다고 믿는다. 우주가 얼마나 광대한지를 감안하면, 그리고 그 안의 인간의 삶이 얼마나 하찮고 우연적인 것인지를 생각해본다면, 인간의 모습을 한 신은 상당히 믿기 어렵다.

나는 아인슈타인이 그랬던 것처럼 자연의 법칙에 대해서 비인격적인 의미로 '신(God)'이라는 말을 사용한다. 따라서 신의 마음을 안다는 것은 자연의 법칙을 아는 것이다. 나는 아마도 21세기가 끝날 무렵에는 신의 마음을 알게 될 것으로 예측한다.

이제 종교가 주장할 수 있는 유일한 분야는 우주의 기원뿐이지만, 이것마저도 과학은 계속 답을 찾아가는 중이고 조만간 우주의 시작에 대해서 결정적인 대답을 내놓을 것 같다. 나는 신이 우주를 창조했는지 묻는 내용의 책을 출간했고, 그 책(『위대한 설계[*The Grand Design*]』)은 다소 분란을 일으켰다. 사람들은 과학자가 감히 종교 문제를 언급한 데에 대해서 화가 났다. 나는 누구에게든지 무엇을 믿으라는 식으로 말하고 싶은 생각은 없다. 그러나 나로서는 신의 존재 유무를 묻는 것은 과학적으로 타당한 질문이다. 결국 무엇이, 또는 누가 우주를 창조하고 통제하는가 하는 문제보다 더 중요하고 근본적인 미스터리를 생각하기는 어렵다.

나는 우주가 과학의 법칙에 따라서 무(無)에서 자연스럽게 생겼다고 생각한다. 과학의 근간이 되는 기본 가정은 과학적 결정론이다. 일단 우주의 초기 상태가 주어지면, 이후의 그 진화는 과학의 법칙이 결정한다. 이 법칙은 신이 결정한 것일 수도, 그렇지 않은 것일 수도 있다. 그러나 신은 법칙에 간섭하거나 법칙을 깰 수 없다. 만일 그렇다면 그것은 법칙이 아니다. 이렇게 되면 신에게 남는 것은 우주의 초기 상태를 선택할 수 있는 자유뿐인데, 이 초기 상태마저도 지배하는 법칙이 존재하는 것 같다. 그렇다면 신은 애초에 아무런 자유도 가지지 못하게 된다.

우주는 상당히 복잡하고 다양한 모습을 가지고 있지만, 단지 세 가지 기본 재료만 있으면 우주를 만들 수 있다는 사실이 밝혀졌다. 그 재료를 이를테면 우주 요리책에 적는다고 상상해보자. 우주를 요리하기 위해서 필요한 세 가지 재료는

호킹의 빅 퀘스천에 대한 간결한 대답

무엇인가?

첫 번째는 물질이다 — 질량을 가진 덩어리 같은 것 말이다. 물질은 발아래 땅에서부터 저 바깥의 우주 공간에까지 우리 주위 어디에나 존재한다. 먼지, 바위, 얼음, 액체, 광대한 성운, 수십억 개의 태양을 포함하고 있는 거대한 별들의 소용돌이, 이 모든 것이 상상조차 할 수 없는 넓은 거리까지 퍼져 있다.

두 번째로 필요한 것은 에너지이다. 평소에 에너지에 대해서 곰곰이 생각해본 적이 없더라도, 우리는 모두 에너지가 무엇인지 알고 있다. 우리는 에너지를 매일 접한다. 고개를 들어 태양을 보면 얼굴로 에너지를 느낄 수 있다. 그 에너지는 1억5,000만 킬로미터 떨어진 별에서 생성된 것이다. 에너지는 우주 전체로 확산되며, 우주가 역동적으로 끊임없이 변화하도록 유지시켜준다.

이제 물질과 에너지가 준비되었다. 우주를 만들기 위해서 필요한 세 번째 재료는 공간이다. 아주 넓은 공간. 우주를 묘사할 수 있는 단어는 두렵다, 아름답다, 격렬하다 등등 그야말로 다양하다. 그러나 단 하나 부적절한 형용사가 있는데, 그것은 바로 '비좁은'이다. 우주 어디를 보더라도 넓은 공간이 펼쳐져 있고, 그뿐만 아니라 언제나 그보다 더 넓은 공간

신은 존재하는가?

이 저 멀리까지 펼쳐져 있다. 사방으로 펼쳐져 있는 공간. 생각만으로도 머리가 빙빙 돌 것이다. 그렇다면 이 모든 물질, 에너지, 공간이 모두 어디에서 왔다는 것인가? 여기에 대해서는 20세기가 되기 전까지는 전혀 알 수 없었다.

그 대답은 한 사람의 통찰에서부터 시작되었다. 아마도 그는 지금까지 생존했던 과학자들 중에서 가장 비범한 인물일 것이다. 그의 이름은 알베르트 아인슈타인이다. 아인슈타인이 세상을 떴을 때 나는 겨우 열세 살이었기 때문에 안타깝게도 한번도 만나보지는 못했다. 아인슈타인은 굉장히 특이한 사실을 깨달았다. 우주를 만드는 데에 필요한 두 가지 주요 재료—질량과 에너지—가 기본적으로는 같은 것이며, 이를테면 동전의 양면과 같은 것이라는 사실이었다. 그의 유명한 방정식 $E = mc^2$이 설명하는 내용은 질량을 에너지로, 또는 그 반대로 생각해도 된다는 뜻이다. 따라서 이제 우리는 우주의 재료가 세 가지가 아니라 두 가지, 즉 에너지와 공간이라고 말할 수 있게 되었다. 그럼 이 모든 에너지와 공간은 어디에서 왔을까? 그 대답은 수십 년 뒤 과학자들의 연구를 통해서 밝혀졌다. 공간과 에너지는 빅뱅이라고 부르는 사건에서 자연스럽게 만들어졌다.

빅뱅이 일어난 순간 우주 전체가 존재하게 되었으며, 공간

호킹의 빅 퀘스천에 대한 간결한 대답

도 함께 탄생했다. 우주는 풍선에 공기를 불어넣은 것처럼 한꺼번에 부풀어올랐다. 그렇다면 이 에너지와 공간은 어디에서 왔다는 것일까? 에너지로 가득 찬 우주 전체가, 이 어마어마하고 광활한 공간과 그 안에 든 모든 것이, 어떻게 무(無)에서부터 그냥 나타날 수 있을까?

여기에서 다시 신을 그림 속에 등장시키는 사람도 있을 것이다. 그들은 신이 에너지와 공간을 창조했으며 빅뱅은 창조의 순간이라고 설명한다. 그러나 과학이 들려주는 이야기는 좀 다르다. 이런 생각을 하면 골치 아픈 문제에 휘말릴 수 있겠지만, 나는 바이킹을 겁먹게 만들었던 자연 현상 이상의 것을 우리가 이해할 수 있다고 생각한다. 심지어 아인슈타인이 발견한 에너지와 물질의 아름다운 대칭 너머까지도 갈 수 있다. 자연의 법칙을 이용하여 우주의 기원 문제 그 자체를 다룰 수 있으며, 그것을 설명할 유일한 방법이 신의 존재뿐인지도 알아낼 수 있다. 나는 제2차 세계대전 이후 영국에서 성장했다. 당시는 금욕의 시대였고, 우리는 공짜로 얻을 수 있는 것은 아무것도 없다고 배웠다. 그러나 평생에 걸친 연구 끝에, 이제 나는 우주 전체를 사실상 공짜로 얻을 수 있다고 믿고 있다.

빅뱅의 심장부에 있는 거대한 미스터리는 어떻게 이 광대하고 광활한 우주 공간과 에너지 전부가 무(無)로부터 물질화될 수 있는지를 설명하는 것이다. 그 비밀은 우리 우주가 가지고 있는 가장 기이한 성질 중 하나와 관련이 있다. 물리법칙은 '음의 에너지(negative energy)'라고 불리는 것의 존재를 요구하고 있다.

이 기이하지만 대단히 중요한 개념을 쉽게 이해하기 위해서 단순한 비유를 하나 들어보도록 하겠다. 평평한 땅 위에 언덕을 쌓고 싶어하는 사람이 있다. 여기에서 언덕은 우주를 비유하는 것이다. 그 사람은 언덕을 만들기 위해서 바닥에 구덩이를 파서 그 흙으로 언덕을 쌓았다. 그러나 그는 언덕만 쌓은 것이 아니다. 그 옆에 구덩이도 동시에 만들어졌다. 이 구덩이는 사실상 언덕의 음(陰)의 버전이고, 구덩이 안에 있던 흙들은 이제는 언덕이 된 것이다. 따라서 전체적으로는 완벽하게 균형이 된다. 이것이 우주의 시작의 이면에 깔린 원리이다.

빅뱅 때 어마어마한 양의 양(陽)의 에너지가 만들어지면서 동시에 같은 양의 음의 에너지도 만들어졌다. 이런 식으로 양과 음은 합쳐져 항상 0이 된다. 이것은 또다른 자연의 법칙이다.

그렇다면 지금 이 음의 에너지는 전부 어디에 있는가? 이

호킹의 빅 퀘스천에 대한 간결한 대답

음의 에너지가 우리가 쓰는 우주 요리책의 세 번째 재료이다. 그것은 공간 안에 있다. 좀 이상하게 들리겠지만, 중력과 운동에 관한 자연의 법칙에 따르면—이 법칙은 과학의 역사에서 가장 오래된 법칙들 가운데 하나이다—공간 그 자체가 음의 에너지의 어마어마한 저장소이다. 공간은 모든 것이 더해져 0이 된다는 것을 충분히 보장할 만큼 엄청나게 광활하다.

독자가 수학에 익숙하지 않다면 이런 개념을 이해하기 어려울 것이라는 점은 인정한다. 하지만 이것은 사실이다. 수십억 개의 은하들 너머 또다른 수십억 개의 은하들이 중력에 의해서 서로를 잡아당기며 끝없이 이어져 있는 연결망은 마치 거대한 저장장치 같은 작용을 한다. 우주는 음의 에너지를 저장한 어마어마한 배터리 같은 것이다. 앞에서 든 비유에서 언덕은 오늘날 우리가 보는 질량과 에너지 같은 사물의 양의 측면을 의미한다. 그리고 그에 해당하는 구덩이, 즉 사물의 음의 측면은 공간 전반에 걸쳐 퍼져 있다.

그렇다면 신의 존재 유무에 대한 우리의 탐사에서 이 내용은 어떤 의미를 가지고 있는가? 우주를 모두 더할 때에 무(無)가 된다면, 그것은 우주를 창조하기 위해서 굳이 신의 존재를 생각할 필요가 없다는 뜻이 될 것이다. 우주는 궁극의 공짜 점심이다.

우리는 양과 음이 더해져 0이 된다는 것을 알고 있다. 그러므로 이제는 애초에 무엇이─아니면 조금 대담하게 말해서 누가─이 모든 과정을 촉발시켰는지를 알아내야 한다. 우주가 자발적으로 생성이 될 수 있도록 할 수 있는 것은 과연 무엇인가? 언뜻 보면 꽤 당혹스러운 질문이다. 아무튼 우리의 일상생활에서 갑자기 아무것도 없는 데에서 물건이 튀어나오는 일은 없기 때문이다. 커피를 마시고 싶은데 그냥 손가락만 까딱한다고 커피가 나오는 일은 결코 없다. 커피를 마시려면 커피 원두, 물, 그리고 취향에 따라서 약간의 우유와 설탕을 가지고 직접 만들어야 한다. 그러나 이 커피잔 안으로 깊숙이 파고 들어가면─우유 입자들을 통해서, 원자 수준을 지나 아원자 수준까지 내려가면 거기에서는, 아주 잠깐 동안이기는 하지만 아무것도 없는 데에서 무엇인가가 튀어나오는 마법이 가능한 세상이 펼쳐진다. 그것이 가능한 이유는 이 정도 규모의 세상에서는 입자들이 양자역학(quantum mechanics)이라고 부르는 자연의 법칙에 따라 행동하기 때문이다. 입자들은 정말로 아무렇게나 생길 수 있으며, 잠시 동안 머물다가 다시 사라지고, 어딘가 다른 곳에서 다시 생긴다.

우리는 우주 자체가 한때는 굉장히─어쩌면 양성자보다도 더─작았다는 것을 알고 있다. 따라서 이 사실은 굉장히 의미심장하다. 이 사실은 우주 자체가, 인간으로서 상상할 수도 없는 광대하고 복잡한 우주가, 자연의 법칙을 위배하지 않고도 그냥 생긴 뒤에 존재할 수 있다는 의미가 된다. 그리고 그 순간부터 공간이 팽창하면서 어마어마한 양(陽)의 에너지가 풀려나게 되고, 공간은 장부의 계산을 맞추는 데에 필요한 음의 에너지 전부를 저장하는 장소가 된다. 그러나 당연히 중요한 의문 하나가 다시 떠오른다. 그렇다면 빅뱅의 발생을 허용하는 양자 법칙은 신이 창조했는가? 간단히 말해서, 빅뱅이 일어나도록 하려면 신이 필요한가? 나는 신앙을 가진 사람들과 맞서고 싶은 마음은 결코 없지만, 내가 볼 때에는 창조주보다 과학이 들려주는 설명이 훨씬 더 강렬하고 흥미진진한 것 같다.

우리는 일상의 경험을 통해서 세상에서 일어나는 모든 사건은 그보다 이전에 일어난 사건의 결과라고 생각하는 데에 길들여져 있다. 따라서 우주가 존재하는 데에 무엇인가가—아마도 신이—원인을 제공했으리라고 자연스럽게 생각하게 된다. 그러나 전체로서의 우주에 대해서 말할 때는 꼭 그럴 필요가 없다. 이렇게 설명해보자. 산에서 흘러내리는 강이 있다. 이 강이 흘러내리는 원인은 무엇인가? 아마 이전에 산 위에 내렸던 비일지도 모른다. 그렇다면 비가 내린 원인은

신은 존재하는가?

당신이 이해하는 우주의 시작과 끝에 대해서 신의 존재는
어떻게 어울립니까? 그리고 만일 신이 존재하고 그분을
만날 기회가 생긴다면, 그분께 무엇을 물어보겠습니까?

이 질문은 결국 '우주는 신이 우리로서는 알 수 없는
이유로 선택한 방식에 의해서 시작된 것입니까, 아니면
과학 법칙에 의해서 결정된 것입니까?'가 될 것입니다.
나는 후자를 믿습니다. 원한다면 과학 법칙을 '신'이라고
불러도 될 것입니다. 그러나 그 신은 당신이 만나서
질문을 할 수 있는 인격화된 신은 아닐 것입니다. 만일
그런 신이 존재한다면, 나는 그분에게 11차원의 M이론
같은 복잡한 것을 만드실 때 도대체 무슨 생각을 하셨던
것인지 묻고 싶습니다.

무엇인가? 태양이 바다 위를 비춰 물을 증발시키면 수증기가 하늘로 올라가서 구름을 만드니까, 태양이라고 대답하는 것이 바람직할 것이다. 좋다. 그렇다면 태양이 빛을 비출 수 있는 원인은 무엇인가? 태양 내부를 들여다볼 수 있다면 핵융합이라고 하는 현상을 보게 될 텐데, 핵융합을 통해서 수소 원자들끼리 결합하여 헬륨을 형성하고, 그 과정에서 어마어마한 양의 에너지가 방출된다. 지금까지는 좋다. 그럼 이 수소는 그럼 어디에서 왔는가? 정답 : 빅뱅이다. 그러나 이때 중요한 것이 하나 있다. 자연의 법칙은 우주가 양성자처럼 외부 도움 없이 혼자 튀어나와 존재할 수 있고, 에너지 측면에서도 아무것도 필요로 하지 않을 뿐 아니라, 빅뱅의 원인 그 자체도 없을 수 있다고 말하고 있다.

이 설명은 아인슈타인의 이론 그리고 우주의 공간과 시간의 기본적인 얽힘에 대한 그의 통찰력과 궤를 같이 한다. 빅뱅이 일어난 순간, 시간에도 무엇인가 굉장히 경이로운 일이 일어났다. 시간 그 자체가 그 순간 시작된 것이다.

도무지 이해가 가지 않는 이 아이디어를 이해하기 위해서, 공간을 떠도는 블랙홀을 생각해보자. 일반적으로 블랙홀은 굉장히 무거워서 자체적으로 중력 붕괴를 한 별을 말한다. 블랙홀은 대단히 무거워서 빛조차도 중력의 영향권에서 탈출하지 못한다. 그래서 블랙홀은 거의 완벽한 검은색으로 보인다. 블랙홀의 중력은 굉장히 강하기 때문에 빛뿐만 아니라 시간도 휘게 하고 비틀어버린다. 시간의 휨을 관찰하기 위해서 블랙홀에 빨려 들어가는 시계를 상상해보자. 블랙홀에 점점 더 가까이 다가갈수록 시계는 점점 더 느려진다. 시간 그 자체가 느려지는 것이다. 이제 시계가 블랙홀에 들어간다고 상상하면—흠, 그러려면 물론 시계가 어마어마한 중력을 견딜 수 있다고 가정해야 한다—사실상 시계는 멈출 것이다. 고장이 나서 멈춘 것이 아니라, 블랙홀 안에서는 시간 그 자체가 존재하지 않기 때문이다. 우주의 시작에서도 정확히 이와 같은 일이 일어났다.

지난 100년간, 우리는 우주에 대해서 굉장히 많은 것을 알 수 있었다. 이제 우리는 가장 극단적인 조건, 이를테면 우주의 기원이나 블랙홀 같은 곳에 적용되는 법칙만 제외하고 우주 안의 거의 모든 것을 지배하는 법칙을 알고 있다. 그리고 나는 우주의 시작에서 시간이 맡은 역할이, 위대한 설계자를 필요로 하지 않으면서 우주가 스스로를 어떻게 창조했는지 밝히는 마지막 열쇠가 될 것이라고 믿는다.

빅뱅의 순간을 향해 시간을 거꾸로 거슬러올라가면, 우주는 점점 더 작아지고 더 작아져서 마침내는 하나의 점이 될

호킹의 빅 퀘스천에 대한 간결한 대답

것이며, 우주 전체는 작고 작은 공간이 되어 사실상 무한히 작고 무한히 밀도가 높은 하나의 블랙홀이 될 것이다. 그리고 오늘날 공간 안을 떠돌아다니는 현대의 블랙홀에서와 마찬가지로 자연의 법칙은 무엇인가 굉장히 이상한 것을 지시한다. 여기에서도 시간 그 자체가 멈추어야 한다는 것이다. 시간을 아무리 거슬러올라가도 빅뱅 이전으로는 갈 수 없다. 빅뱅 이전에는 시간이 없었기 때문이다. 이렇게 해서 우리는 마침내 원인이 없는 무엇인가를 발견했다. 원인이 존재할 수 있는 시간 자체가 없기 때문이다. 나에게 그것은 창조자가 존재할 가능성이 없다는 뜻이다. 창조자가 존재할 시간 자체가 없기 때문이다.

사람들은 왜 우리가 지금 여기 있는가와 같은 빅 퀘스천, 즉 거대한 문제의 답을 원한다. 물론 사람들은 그 답이 쉬우리라고는 기대하지 않으며, 따라서 어느 정도는 괴로워할 준비가 되어 있다. 사람들이 나에게 신이 우주를 창조한 것이냐고 물으면, 나는 질문 자체가 앞뒤가 맞지 않는다고 대답할 것이다. 빅뱅 이전에는 시간은 존재하지 않았고 따라서 신이 우주를 만들 시간도 존재하지 않았다. 이것은 마치 지구의 가장자리로 가는 방향이 어디냐고 묻는 것과 마찬가지이다—지구는 둥근 구형이고 가장자리가 없다. 따라서 그런

신은 존재하는가?

것을 찾는 것은 아무 소용이 없는 행위이다.

　내게 신앙이 있느냐고? 우리는 각자가 원하는 것을 믿을 자유가 있다. 그리고 내가 볼 때 가장 단순한 설명은 신은 없다는 것이다. 누구도 우주를 창조하지 않았고 누구도 우리의 운명을 지시하지 않는다. 이를 통해서 나는 천국도, 사후세계도 존재하지 않을 것이라는 심오한 깨달음을 얻었다. 사후세계에 대한 믿음은 단지 희망사항에 불과하다고 나는 생각한다. 사후세계에 대해서는 믿을 만한 증거도 없거니와, 우리가 과학을 통해서 알게 된 모든 것과 정면으로 맞선다. 나는 인간이 죽으면 먼지로 돌아간다고 생각한다. 그러나 우리의 삶 안에, 우리의 영향력 안에, 우리가 아이들에게 물려주는 유전자 안에는 지각이 있다. 우리는 이 지각을 가지고 우주의 위대한 설계를 감상할 수 있는 한 번뿐인 삶을 살고 있으며, 나는 이를 대단히 감사히 여긴다.

호킹의 빅 퀘스천에 대한 간결한 대답

2
모든 것은 어떻게 시작되었는가?

햄릿은 이렇게 말했다. "비록 호두 껍질 안에 갇혀 있더라도,
나는 내 자신을 무한한 공간의 왕이라고 여길 수 있지." 아마
도 이 말은 비록 우리 인간이 물리적으로는 구속되어 있지만
(특히 내 경우에는 더욱 그렇다), 우리의 영혼은 자유롭게 우
주 전체를 탐사할 수도, 「스타 트렉」조차도 가기를 꺼려했던
곳까지 대담하게 갈 수도 있다는 의미일 것이다. 우주는 끝
없이 무한한가, 아니면 단지 그냥 아주 클 뿐인가? 우주에는
시작이 있는가? 우주는 영원토록 지속될 것인가 아니면 단지
그냥 굉장히 오랫동안 지속될 것인가? 유한한 우리의 영혼이
무한한 우주를 어떻게 이해할 수 있을 것인가? 그런 시도를
하는 것조차 우리의 허세가 아닐까?

　인간을 위해서 고대 신들에게서 불을 훔쳤던 프로메테우
스의 운명을 답습할 위험을 무릅쓰고, 나는 우리가 우주를
이해하려고 노력할 수 있고 또 그래야 한다고 믿는다. 프로

메테우스는 그 뒤에 바위에 영원토록 사슬로 묶여 있는 형벌을 받았지만, 다행히도 결국에는 헤라클레스에 의해서 자유를 얻는다. 우리는 우주를 이해하는 데에 이미 눈부신 진전을 이루었다. 물론 아직은 완전한 그림을 얻지는 못했지만, 거기에서 그리 멀리 있지는 않다고 생각하고 싶다.

중앙아프리카의 보숑고 족은 태초에 오직 어둠과 물, 그리고 위대한 신인 붐바만 있었다고 믿었다. 하루는 붐바가 배가 아파서 괴로워하다가 태양을 토해냈고, 태양이 물을 조금 말리자 땅이 드러났다. 여전히 배가 아팠던 붐바는 달과 별을 토해냈고, 그런 다음 짐승들도 조금 토해냈다. 표범, 악어, 거북, 그런 순서였는데, 마지막으로 인간을 토해냈다고 한다.

이런 창조 신화는 다른 수많은 신화들과 함께 우리 모두가 묻고 있는 질문에 대답하기 위한 시도를 한다. 우리는 왜 여기에 있는가? 우리는 어디에서 왔는가? 여기에 대한 일반적인 답들은 인간은 비교적 최근에 등장한 종(種)이라고 말하고 있는데, 인류가 지식과 기술을 발전시켜가고 있는 것으로 보아 이는 명백한 사실이다. 따라서 인간은 그리 오래된 종은 아닐 것이다. 그렇지 않았다면 지금보다 훨씬 더 발전을 했을 것이다. 한 예로 영국의 어셔 주교(1581-1656)에 따르면, 창세기에서는 세상이 시작된 시간을 기원전 4004년 10월

22일 오후 6시로 정하고 있다. 반면 산이나 강 같은 물리적 환경은 인간의 생애 속에서 거의 변하지 않는다. 따라서 이런 자연환경은 불변의 배경이라고 생각할 수 있으며, 영원히 공허한 풍경으로서 존재했거나 아니면 인간과 동시에 창조되었다고 간주될 수 있다.

그러나 우주에 시작이 있다는 아이디어를 모든 이들이 달가워했던 것은 아니었다. 예를 들면 그리스 철학자들 중 가장 유명한 인물인 아리스토텔레스(384–322 B.C.)는 우주가 영원토록 존재해왔다고 믿었다. 영원한 것은 창조된 것보다 더 완벽하다. 그는 우리가 인류의 발전을 목격하는 이유는 홍수나 자연재해로 문명이 반복적으로 처음부터 다시 시작되기 때문이라고 했다. 영원한 우주를 믿는 것은 우주를 창조하고 발전시키는 신의 간섭을 언급해야 할 필요성을 피하고 싶기 때문이다. 반대로 우주의 시작을 믿는 사람들은 모든 것의 최초 원인 또는 주동자로서의 신의 존재를 뒷받침하는 논거로 우주의 시작을 이용한다.

만일 우주에 시작이 있다고 믿는다면, 분명히 이런 의문이 들 것이다. '우주가 시작되기 전에는 무슨 일이 있었을까? 세상을 만들기 전에 신은 무엇을 하고 있었을까? 그런 질문들을 한 인간들을 위해서 지옥을 준비하고 있었던 것일까?' 우

모든 것은 어떻게 시작되었는가?

주에 시작이 있었을까 없었을까의 문제는 독일의 철학자 이마누엘 칸트(1724-1804)에게는 대단히 중대한 문제였다. 그는 어느 쪽이든 논리적 모순 또는 반론이 있다고 생각했다. 만일 우주에 시작이 있었다면, 왜 우주는 시작되기 전 무한한 시간 동안 기다렸을까? 데카르트(1596-1650)는 이것을 '테제(these)'라고 했다. 반면, 만일 우주가 영원토록 존재해왔다면 왜 현재 상태에 도달할 때까지 무한한 시간이 걸렸을까? 그는 이것을 안티테제(antithese)라고 했다. 이 테제와 안티테제 모두 시간이 절대적이라는 가정에 의존하며, 이는 칸트나 거의 모든 사람들이 믿었던 가정이었다. 다시 말해 시간은 무한한 과거로부터 흘러와서 무한한 미래로 향해 가며 그 사이에 존재하거나 존재하지 않을 우주하고는 아무 상관이 없다는 것이다.

사실 이것은 오늘날 수많은 과학자들의 마음속에 있는 그림이기도 하다. 그러나 1915년에 아인슈타인은 일반상대성이론이라는 혁명적인 이론을 소개했다. 이 이론에서 공간과 시간은 더 이상 절대적이지도, 사건의 고정된 배경도 아니다. 공간과 시간은 우주의 물질과 에너지에 의해서 형태를 가지게 된 역동적인 양이다. 시간과 공간은 오직 우주 안에서만 정의된다. 따라서 우주가 시작되기 전의 시간을 논하는 것은

호킹의 빅 퀘스천에 대한 간결한 대답

아무 의미가 없다. 이는 남극에서 남쪽이 어디냐고 묻는 것과 마찬가지이다. 그런 것은 정의 자체가 되지 않는다.

아인슈타인의 이론은 시간과 공간을 통합했지만, 공간 그 자체에 대해서는 그다지 많은 것을 알려주지 않는다. 공간에 대해서 가장 확신할 수 있는 성질 하나는 공간이 끝없이 계속 펼쳐져 있다는 것이다. 우주의 끝에 벽돌담이 세워져 있을 것이라고 기대하는 사람은 아마 없을 것이다. 물론 그런 것이 절대 없다고 할 논리적 근거가 있는 것은 아니지만. 우리는 허블 우주 망원경 같은 현대적 도구들을 이용하여 우주의 더 깊숙한 곳까지 탐사한다. 그렇게 해서 다양한 형태와 크기의 수십억 수백억 개의 은하들을 보고 있다. 그중에는 거대한 타원은하도 있고, 우리 은하 같은 나선은하들도 있다. 모든 은하는 수십 수백억 개의 별들로 이루어져 있고, 별들 중 대다수는 행성을 거느리고 있다. 우리 은하는 어느 특정 방향으로는 빽빽하게 밀집되어 있어 시야를 가리지만, 그 부분 외에는 군데군데 밀도가 높은 곳과 성긴 곳이 공간 전체에 대체로 균일하게 분포되어 있다. 은하의 밀도는 아주 먼 거리에서는 낮아지는 것처럼 보이지만, 그것은 아마도 은하가 너무 멀고 희미해 보여서 우리가 잘 알아볼 수 없기 때문인 것 같다. 우리가 아는 한에서 우주에는 무한한 공간이 펼

모든 것은 어떻게 시작되었는가?

쳐져 있고 아무리 멀리 가더라도 모두 똑같아 보인다.

우주의 모든 지점은 똑같아 보이지만, 우주는 확실히 시간에 따라서 변하고 있다. 이 사실은 20세기 초까지도 깨닫지 못했다. 그때까지 우주는 근본적으로 시간에 대하여 불변이라고 생각되었다. 우주가 무한한 시간 동안 존재했을 수도 있겠지만, 그렇다고 하면 대단히 터무니없는 결론에 이르게 된다. 만일 별들이 무한한 시간 동안 복사를 했다면, 우주가 별의 온도에 이를 때까지 별들이 우주를 계속 데웠어야 옳다. 그러면 밤하늘도 태양처럼 환하게 빛나야 한다. 인간의 눈이 닿는 곳 어디든지 그 끝까지 뻗어가보면 별이나 성운이 있을 텐데, 그것이 별의 온도만큼 뜨거워질 때까지 우주를 데울 것이기 때문이다. 따라서 우리가 지금까지 관측한 결과, 즉 밤하늘이 검다는 사실은 대단히 중요하다.

이 관측 결과에 따라서 우주는 오늘날의 상태로 영원히 존재할 수 없었다는 결론이 나온다. 과거 어느 한정된 순간에 별의 스위치를 켠 어떤 사건이 일어났어야 한다. 그러면 우리에게서 굉장히 멀리 있는 별에서 출발한 빛은 아직 이곳까지 도착하지 못한 것이라고 할 수 있다. 이로써 왜 밤하늘이 전부 환하게 빛나지 않는지 이유를 설명할 수 있다.

만일 별이 영원토록 그 자리에 머물러 있었다면, 왜 겨우 몇십억 년 전부터 빛을 발했겠는가? 별들은 어떤 시계를 보고 이제 빛을 발할 시간이 되었다고 알게 되었단 말인가? 이마누엘 칸트를 비롯하여 우주가 영원토록 존재했다고 믿었던 철학자들은 이 문제 때문에 굉장히 혼란스러워 했다. 그러나 대부분의 사람들에게는 어셔 주교의 말처럼 몇천 년 전에 우주가 현재와 같은 모습으로 창조되었다는 주장과 일치하는 내용이었기 때문에 큰 문제가 없었다.

그러나 이 이야기도 1920년대에 윌슨 산 천문대의 100인치 망원경으로 관측을 수행하면서 불일치가 드러나기 시작했다. 맨 먼저 에드윈 허블(1889-1953)은 성운(nebula)이라고 하는 수많은 빛의 희미한 조각들이 사실은 우리 태양과 같은 별들이 광대하게 모여 있는 다른 은하들이며, 다만 굉장히 먼 거리에 있어 그렇게 보이는 것이라는 사실을 발견했다. 그 은하들이 그렇게 작고 희미하게 보이려면, 은하의 빛이 우리에게 도달하기까지 수백만 년 혹은 수십억 년이 걸릴 만큼 멀리 있어야 한다. 이러한 발견으로부터 우주가 단지 몇천 년 전에 시작되었을 수 없다는 사실을 알게 되었다.

그러나 허블의 두 번째 발견은 훨씬 더 놀랍다. 허블은 다른 은하에서 온 빛을 분석하여 은하가 우리 쪽으로 다가오는지 아니면 우리로부터 멀어지는지를 측정할 수 있었는데, 놀랍게도 은하들 거의 전부가 우리로부터 멀어지고 있다는 것을 발견했다. 뿐만 아니라 더 멀리 있는 은하들이 더 빠른 속도로 멀어져가고 있었다. 다시 말해서 우주는 팽창하고 있는 것이다. 은하들은 서로에게서 멀어지고 있다.

우주 팽창에 대한 발견은 20세기의 위대한 지적 혁명 중 하나이다. 이 사실은 엄청난 충격이었으며, 우주의 기원에 대한 논의들을 완전히 바꾸어버렸다. 만일 은하들이 서로 멀어지고 있다면, 과거에는 서로 더 가까웠어야 할 것이다. 현재의 팽창 속도로부터 거슬러 계산해보면, 대략 100억-150억 년 전에는 은하들이 서로 매우 밀접하게 붙어 있었다는 결론을 끌어낼 수 있다. 따라서 그때에는 모든 것이 공간 안의 한 점에 모여 있었으며, 그때부터 우주가 시작되었던 것 같다.

그러나 수많은 과학자들이 우주에 시작이 있었다는 가설에 만족하지 못했다. 그렇게 되면 물리학이 무너지게 되는 결론을 암시하기 때문이었다. 어떤 이들은 우주가 어떻게 시작되었는지를 결정하기 위해서 외부 기관(편의를 위해서 이 외부 기관을 신이라고 부를 수도 있다)을 끌어들여야 한다고 생각했고, 따라서 우주가 현재 팽창하고는 있지만 시작은 없었다는 이론을 개발했다. 이런 이론들 중 하나가 1948년에 헤르만 본디, 토머스 골드, 프레드 호일이 제안한 정상우주론(定常宇宙論, steady-state theory)이었다.

정상우주론의 기본 아이디어는 은하들이 서로 멀어지고 있으며 우주 공간 전반에 걸쳐 있는 물질로부터 새로운 은하가 계속 생성되고 있다는 것이다. 우주는 영원히 존재해왔으며, 항상 같은 모습으로 보일 것이다. 특히 '같은 모습으로 보인다'는 성질은 관측에 의해서 검증이 가능하다는 커다란 장점을 가진 결정적인 예측이었다. 마틴 라일이 이끄는 케임브리지 대학교 전파천문학 연구 팀은 1960년대 초에 약한 전파의 근원을 조사하고 있었다. 이 전파는 하늘에 고르게 분포되어 있었는데, 그것은 전파원 대부분이 우리 은하 바깥에 있음을 암시했다. 약한 전파는 대체로 먼 곳에서 오고 있었다.

정상우주론은 이런 전파원의 개수와 전파의 세기 사이의 관계를 예측했다. 그러나 관측 결과는 이론에서 예측한 것보다 전파의 세기가 좀더 약한 것으로 나타났는데, 그것은 전파원의 밀도가 과거보다 더 높아졌음을 암시하는 결과였다. 즉 모든 것이 시간에 대해서 일정하다는 정상우주론의 기본 가정과 모순되는 결과였고, 이 관측 결과와 다른 몇 가지 이유들 때문에 정상우주론은 폐기되었다.

우주의 시작을 회피하기 위한 다른 시도도 있었다. 팽창하기 전에 수축하는 단계가 있었다는 가설이다. 수축을 하더라도 물질은 회전과 국소적 불규칙성 때문에 한 점으로 모이지 않고, 물질의 여러 부분들이 서로 엇갈려 지나치면서 우주는 언제나 유한한 밀도로 다시 팽창하게 된다. 러시아의 물리학자 예브게니 리프시츠와 이사크 할라트니코프는 실질적으로 정확한 대칭이 없는 수축은 언제나 반동으로 팽창하며, 밀도는 유한하다는 내용을 입증했다고 주장했다. 이 결과는 우주의 창조라는 어색한 문제를 피해갈 수 있었기 때문에 마르크스-레닌주의의 변증법적 유물론에 대단히 편리했다. 그래서 두 사람의 이론은 소련 과학자들의 신념이 되었다.

나는 리프시츠와 할라트니코프가 우주에 시작이 없다는 결론을 막 발표할 무렵에 우주론 연구에 뛰어들었다. 나는 이 문제가 대단히 중요하다는 것을 깨달았지만, 리프시츠와 할라트니코프의 주장에 설득당하지는 않았다.

우리는 어떤 사건이 그 이전의 사건에 의해서 일어났다는 생각에 익숙하다. 그리고 그 이전의 사건은 또 그 이전의 사건에 의해서 일어난다. 이런 식의 인과관계 사슬은 과거로 계속 거슬러올라간다. 그런데 이 사슬에 시작이 있었다고, 그러니까 최초의 사건이 있었다고 가정해보자. 그 최초의 사건을 일으킨 것은 무엇일까? 많은 과학자들이 이 문제는 다

호킹의 빅 퀘스천에 대한 간결한 대답

루고 싶어하지 않았다. 그들은 앞에서 말한 두 러시아 물리 학자와 정상우주론을 제시한 이론가들처럼 우주에 시작이 없었다고 주장하거나 우주의 기원은 과학의 영역이 아닌 형이상학이나 종교의 영역에 속한 문제라고 주장하면서 이 문제를 회피하고 있었다. 나는 진정한 과학자라면 이런 태도를 취해서는 안 된다고 생각한다. 우주가 시작되는 순간에 과학의 법칙이 무너진다면, 그런 법칙은 다른 때에도 무너지지 않을까? 가끔씩만 성립하는 법칙은 법칙이 아니다. 나는 우주의 시작도 과학에 바탕을 두고 이해하기 위해서 노력해야 한다고 믿는다. 그것이 우리 능력 밖의 일일 수도 있겠지만 그래도 시도는 해보아야 한다.

로저 펜로즈와 나는 아인슈타인의 일반상대성이론이 옳고 어떤 합리적 조건들이 만족된다면 우주가 어느 시점에 시작되어야 한다는 것을 보여주는 기하학적 정리들을 증명했다. 수학적 정리를 두고 논쟁하는 것은 어려운 일이다. 그래서 결국 리프시츠와 할라트니코프도 우주에 시작이 있어야 한다는 것을 인정했다. 비록 우주의 시작이라는 아이디어가 공산주의자들에게는 그다지 달갑지 않았다고 하더라도, 이데올로기가 과학의 길을 가로막고 서 있는 것은 허용될 수 없었다. 그들에게 물리학은 폭탄 제조를 위해서 필요했고, 잘

모든 것은 어떻게 시작되었는가?

작동하는 폭탄은 대단히 중요했다. 그러나 소련의 이데올로기는 유전학의 진실을 부정함으로써 생물학의 발전을 가로막았다.

로저 펜로즈와 내가 입증한 정리가 우주에 시작이 있었으리라는 점을 보여주기는 했지만, 그 시작의 본질에 대해서는 그다지 많은 정보를 알려주지 않았다. 이 정리에서는 우주가 빅뱅 때 시작되었고, 그 순간에 우주 전체와 그 안에 있는 모든 것이 무한대의 밀도를 가지는 하나의 점, 즉 시공간 특이점 안에 모조리 다 구겨져 들어 있었음을 보여준다. 이 부분에서 아인슈타인의 일반상대성이론은 무너진다. 따라서 우주가 어떻게 시작되었는지를 알고 싶어도 이를 예측하기 위해서 일반상대성이론은 쓸 수가 없다. 우주의 기원은 과학의 범주 바깥에 남아 있다.

우주가 매우 높은 밀도로 시작되었다는 가설을 확증할 관측 증거는 1965년 10월 내가 발표한 첫 번째 특이점 결과가 나오고서 몇 달 후에 등장했다. 우주 전체의 희미한 마이크로파 배경을 발견한 것이다. 이 마이크로파는 가정에서 쓰는 전자 레인지의 마이크로파와 같은 것이지만, 세기는 훨씬 더 약하다. 이 우주 마이크로파로 피자를 데우면 겨우 섭씨 −270.4도만큼 온도를 올릴 수 있을 뿐이라 요리는커녕 해동에도 쓸모가 없다. 이 마이크로파는 직접 관찰할 수도 있다. 독자 중에 아날로그 텔레비전을 기억하는 사람들은 거의 확실하게 이 마이크로파를 본 적이 있다고 할 수 있을 것이다. 텔레비전의 채널을 빈 채널에 맞추면 화면에 흰 점들이 지글거리는데, 그중 몇 퍼센트 정도는 우주 마이크로파 배경이 만든 것이다. 이 배경에 대한 해석 중에서 유일하게 합리적인 것은 아주 오래 전 우주가 매우 뜨겁고 밀도가 높았던 상태였을 때 남은 복사라는 것이다. 우주가 팽창하면서 복사는 냉각되고 우리가 오늘날 관측하는 희미한 잔여물이 된 것이다.

우주가 특이점으로부터 시작되었다는 가설은 나나 대부분의 다른 사람들에게는 썩 만족스럽지 않은 것이었다. 아인슈타인의 일반상대성이론이 빅뱅 근처에서 깨지는 이유는 고전 이론 때문이다. 고전 이론은 일반 상식에 비추어볼 때 명백한 내용을 함축적으로 가정하고 있다. 곧 각 입자들의 위치와 속도는 잘 정의되어 있다는 것이다. 소위 고전 이론에서는 어느 순간의 우주 안에 있는 모든 입자들의 위치와 속도를 알면 언제 어느 때고, 과거든 현재든, 그 입자의 상태를 계산할 수 있다. 그러나 20세기 초 과학자들은 아주 아주 짧은 거리 안에서는 무슨 일이 일어나는지 정확히 계산할 수 없다는 사실을 발견했다.

모든 것은 어떻게 시작되었는가?

이 문제는 단순히 더 나은 이론이 필요하다던가 하는 수준이 아니었다. 우리의 이론이 아무리 좋아도 자연계에는 제거할 수 없는 특정 수준의 무작위도 또는 불확정성이 있는 것 같다. 그것은 1927년 독일의 과학자 베르너 하이젠베르크가 제안한 불확정성 원리(uncertainty principle)로 요약된다. 입자의 위치와 속도는 둘 모두를 동시에 정확하게 예측할 수 없다는 것이다. 위치를 정확하게 예측하면 속도의 예측이 정확도가 떨어지고, 그 반대도 마찬가지이다.

아인슈타인은 우주가 확률에 의해서 지배된다는 아이디어에 강하게 반대했다. 그의 심정은 '신은 주사위 놀이를 하지 않는다(God does not play dice)'라는 말로 잘 요약되었다. 그러나 모든 증거로 미루어보아 신은 굉장한 도박꾼인 것 같다. 우주는 모든 경우에 대해서 주사위가 구르거나 룰렛 바퀴가 돌아가는 거대한 카지노 같은 곳이다. 카지노 주인은 주사위가 던져지거나 룰렛 바퀴가 회전할 때마다 돈을 잃을 위험을 감수한다. 그러나 베팅을 엄청나게 많이 하면 확률은 평균에 근접해지고, 카지노 주인은 자신에게 유리하게 진행된다는 확신을 가지게 된다. 그래서 카지노 주인들이 그렇게 부자인 것이다. 손님인 독자 여러분이 카지노 주인을 상대로 돈을 딸 수 있는 유일한 기회는 가진 돈을 전부 걸고 몇 번 주사위를 던지거나 바퀴를 돌려보고 돈을 따면 재빨리 자리를 박차고 나오는 것이다.

우주도 마찬가지이다. 우주가 아주 클 때는 주사위를 굉장히 많이 던지는 것과 마찬가지이고, 그 결과는 사람이 예측할 수 있는 값 근처에서 평균을 이루게 된다. 그러나 우주가 아주 작았던 빅뱅 무렵에는 주사위를 굴리는 횟수가 몇 번 되지 않는 셈이 되고, 이럴 때는 불확정성 원리가 아주 중요해진다. 그러므로 우주의 기원을 이해하려면 아인슈타인의 일반상대성이론에 불확정성 원리를 포함시켜야 한다. 그것은 최소 지난 30년 동안 이론물리학에서 이루어진 가장 거대한 도전이었다. 이 문제는 아직 풀지 못했지만, 그래도 꽤 많은 진전을 이루었다.

이제 미래를 예측하려 한다고 해보자. 우리가 아는 것은 단지 입자의 위치와 속도의 일부 조합일 뿐이므로, 미래의 입자의 위치와 속도에 대해서는 정확하게 예측할 수 없고 다만 위치와 속도의 특정 조합에 대하여 확률을 부여할 수 있다. 그러니까 우주의 특정한 미래에 대한 특정 확률이 있는 것이다. 이제 같은 방식으로 과거를 이해하려 한다고 가정해보자.

우리가 현재 할 수 있는 관측의 특성을 고려할 때, 다만

모든 것은 어떻게 시작되었는가?

우주의 특정 과거에 대해서 확률을 부여할 수 있을 뿐이다. 그러므로 우주는 수많은 역사를 가지게 되며, 각각의 역사들은 자체의 확률을 가진다. 우주의 어느 역사 중에는, 확률은 지극히 낮겠지만, 영국이 월드컵에서 다시 한번 우승을 거두는 역사도 있을 것이다. 우주가 여러 개의 역사들을 가진다는 이 아이디어는 과학소설에 나올 법한 얘기처럼 들리겠지만, 현재는 과학적 사실로 받아들여지고 있다.

그것은 리처드 파인먼 덕분이다. 파인먼은 명문 캘리포니아 공과대학에서 물리학 연구를 했는데, 길거리 스트립쇼 극장에서 봉고 드럼을 연주하기도 했던 괴짜이다. 사물의 작동 원리를 이해하려는 파인먼의 접근법은 먼저 가능한 각각의 역사에 특정 확률을 부여하고, 그런 다음 이 아이디어를 이용하여 예측을 하는 것이다. 이 방식은 미래 예측에 대단히 탁월하다. 따라서 우리는 이 방식이 과거를 재현하는 데에도 잘 작동할 것이라고 가정할 수 있다.

과학자들은 현재 아인슈타인의 일반상대성이론과 파인먼의 다중 역사(multiple histories) 개념을 결합시켜 완벽한 통일 이론(unified theory)을 만들기 위해서 연구 중이다. 이 통일 이론은 우주 안에서 일어나는 모든 것을 설명할 수 있을 것이며, 어느 시점의 상태를 알면 우주가 어떻게 진화할지도

호킹의 빅 퀘스천에 대한 간결한 대답

계산할 수 있게 해줄 것이다. 그러나 통일 이론이 그 자체로 우주가 어떻게 시작되었는지, 우추의 초기 상태는 어떠했는 지를 알려주지는 않을 것이다. 여기에 대해서는 추가적으로 무엇인가가 좀더 필요하다. 바로 경계조건(boundary condition)이라고 하는 것인데, 우주의 경계면, 즉 공간과 시간의 가장 자리에서 무슨 일이 있는지를 알려주는 것이다. 그러나 만일 우주의 경계면이 단지 공간과 시간상의 평범한 한 점에 불과 하다면, 그것을 쉽게 지나갈 수 있고 그 너머의 영역도 우주 의 일부라고 주장할 수 있다. 반면 우주의 경계면이 시간 또 는 공간이 구겨져 있는 삐죽삐죽한 가장자리에 놓여 있고 밀 도가 무한대라면, 의미 있는 경계조건을 정의하기가 매우 어 렵게 된다. 따라서 어떤 경계조건이 필요한지는 분명하지 않 다. 여러 조건들의 집합을 두고 다른 것이 아닌 특정 경계조 건 집합을 선택할 뚜렷한 논리적 근거는 존재하지 않는 것 같다.

그러나 산타 바바라의 캘리포니아 대학교의 짐 하틀과 나 는 세 번째 가능성을 깨달았다. 어쩌면 우주는 시간과 공간 의 경계가 없을지도 모른다. 언뜻 보기에 이 말은 내가 앞에 서 언급했던 기하학적 정리와 직접적인 모순을 이루는 것 같 다. 이 정리에서는 우주에 시작이 있어야 하며 시간에 경계

모든 것은 어떻게 시작되었는가?

가 있어야 함을 보여주었다. 그런데 파인먼의 기술을 수학적으로 잘 정의하기 위해서 수학자들이 허수 시간(imaginary time)이라는 개념을 개발했다. 이 허수 시간은 우리가 경험하는 진짜 시간하고는 아무 상관이 없고, 계산을 하기 위해서 우리가 경험하는 진짜 시간을 대체한 수학적 트릭이다. 앞에서 말한 짐 하틀과 나의 아이디어는 허수 시간에 경계가 없다고 말하려는 것이었다. 이로써 경계조건을 만들려는 노력은 필요가 없어져버렸다. 우리는 이것을 무경계조건(no-boundary condition)이라고 불렀다.

허수 시간에서 경계가 없다는 것이 우주의 경계조건이라면, 우주는 단 하나의 과거만 가지고 있지 않을 것이다. 허수 시간에는 수많은 역사들이 있고 그 역사들 각각은 진짜 시간에서의 역사를 결정할 것이다. 그렇게 되면 우주에 대해서 과잉 역사들이 넘쳐나게 될 것이다. 그럼 무엇이 우주의 가능한 역사들 중에서 지금 우리가 살고 있는 특별한 역사의 집합을 선택한 것일까?

한 가지 포인트는 곧바로 깨달을 수 있다. 이렇게 가능한 우주의 역사들 중 대다수는 우리 자신의 발달에 필수적인 은하와 별들을 형성하는 단계를 거치지 못한다는 것이다. 어쩌면 은하와 별 없이도 지성을 가진 존재가 진화할 수 있겠지

호킹의 빅 퀘스천에 대한 간결한 대답

만, 그럴 가능성은 낮아 보인다. 따라서 우리가 지금 이 모습으로 존재하며 '왜 우주는 지금 이런 모습인가?'라는 질문을 던질 수 있다는 사실 자체가 우리가 살고 있는 역사에 대한 제약 조건이 된다. 그것은 은하와 별들을 가지고 있는 역사가 소수에 속한다는 것을 암시하며, 인간 중심 원리(Anthropic Principle)의 한 예가 된다. 인간 중심 원리는 우주가 더도 덜도 아닌 우리가 보는 이 모습이어야 한다는 것이다. 만일 우주가 지금과 다르다면, 그 우주를 관찰할 사람이 아무도 없을 것이기 때문이다.

많은 과학자들이 인간 중심 원리를 싫어한다. 그들이 볼 때 인간 중심 원리는 그저 번드레한 내용일 뿐이고 무엇인가를 예측하는 것은 전혀 없기 때문이다. 그러나 인간 중심 원리는 정확하게 공식으로 표현될 수 있으며, 우주의 기원을 다룰 때 이 내용은 핵심적인 것처럼 보인다. 현재로서는 완전한 통일 이론의 최선의 후보는 M이론(M-theory)인데, 이 M이론에서는 우주의 역사들을 굉장히 많이 허용한다. 이 역사들 중 대부분은 지적 생명이 발달하기에 대단히 부적합하다. 이런 우주들은 너무 텅 비었거나, 지속 기간이 너무 짧거나, 너무 심하게 휘었거나, 아니면 어디 다른 곳이 잘못되어 있다. 그러나 리처드 파인먼의 다중 역사 아이디어에 따르면

모든 것은 어떻게 시작되었는가?

빅뱅 이전에는 무엇이 있었습니까?

무경계조건에 따르면, 빅뱅 이전에 무엇이 있었는지를
묻는 것은 의미가 없습니다 — 그것은 마치 남극에서
남쪽이 어디냐고 묻는 것과 마찬가지입니다. 빅뱅
이전에는 언급할 수 있는 시간의 개념이 없기 때문입니다.
시간 개념은 오직 우리 우주 안에만 존재합니다.

아무것도 살지 않는 이런 역사들의 확률은 꽤 높을 수 있다.

사실 우리는 지적 생명체가 포함되지 않는 역사가 얼마나 많은지에 대해서는 크게 신경 쓰지 않는다. 우리의 관심사는 지적 생명체가 발달하는 역사의 부분집합에 집중되어 있다. 이 지적 생명체가 꼭 인간과 똑같을 필요는 없다. 초록색의 꼬마 외계인도 인간만큼 잘 해낼 것이다. 아니, 어쩌면 외계인들이 인간보다 더 잘할지도 모른다. 지적 행동의 경우에 있어서 인간은 썩 좋은 성적을 내지는 못하고 있으니까.

인간 중심 원리가 가진 능력을 예로 들기 위해서 공간 안에서 방향의 개수를 생각해보자. 우리는 일반적인 경험을 통해서 3차원에 살고 있다는 것을 알고 있다. 다시 말해서 공간 안의 한 점의 위치를 표현하려면 숫자 세 개가 필요하다는 뜻이다. 지구 위에서는 위도, 경도, 해발고도 이렇게 세 개의 값이 필요하다. 그러나 왜 공간은 3차원인가? 왜 공간은 2차원이거나 4차원, 아니면 과학소설에 나오는 것과 같은 다른 수의 차원이 아닌가? 사실 M이론에서 설명하는 공간은 10차원이다.(뿐만 아니라 시간에 대한 차원도 하나 가지고 있다) 그러나 공간 차원 열 개 중 크고 평평한 세 개 차원만 남겨놓고 나머지 일곱 개는 아주 작게 말려 있다고 간주된다. 이를 이해하기 위해서 빨대를 생각해보자. 빨대의 표면은 2차원이다. 그러나 한쪽 방향으로 작은 원을 이루도록 둥글게 말려 있어서, 빨대를 멀리에서 보면 1차원 직선처럼 보인다.

왜 우리가 사는 역사는 여덟 개의 차원이 작게 말려들어 있고, 알 수 있는 차원은 두 개만 남은 그런 곳이 아닌가? 2차원에 사는 동물들에게는 음식을 소화하는 것도 무척 어려운 일일 것이다. 2차원 동물들이 우리처럼 입에서 항문으로 이어지는 내장을 가진다면, 그 가엾은 생명체는 둘로 나뉘어 쪼개질 것이다. 따라서 지적 생명체가 존재하기에 두 개의 평면 방향만으로는 충분하지 않다. 3차원 공간에는 무엇인가 특별한 것이 있다. 3차원 안에서는 행성들이 안정적인 궤도로 별의 주위를 돌 수 있다. 그것은 중력이 역제곱 법칙을 따르기 때문에 생기는 결과이다.

역제곱 법칙은 1665년 로버트 훅(1635-1703)이 발견하고 아이작 뉴턴(1642-1727)이 다듬은 법칙이다. 일정한 거리만큼 떨어져 있는 두 개의 물체가 중력의 끌림을 받는 상황을 생각해보자. 이때 물체 사이의 거리가 두 배가 되면 두 물체 사이의 힘은 4분의 1로 줄어든다. 거리가 세 배가 되면 힘은 9분의 1이 되고, 거리가 4배가 되면 힘은 16분의 1이 되는 식으로 줄어든다. 이러한 법칙은 안정된 행성 궤도로 이어진다. 이제 4차원 공간을 생각해보자. 그곳에서 중력은 역세제곱 법칙을 따를 것이다. 두 물체 사이의 거리가 두 배가 되면 중력은 8분의 1이 되고, 그 거리가 3배이면 힘은 27분의 1, 그리고 그 거리가 4배가 되면 힘은 64분의 1이 된다. 이렇게 역세제곱 법칙에 의한 힘의 변화는 행성이 태양 주위에서 안정된 궤도를 가지는 것을 막는다. 행성들은 결국 태양으로 떨어지거나 저 바깥의 차갑고 어두운 곳으로 탈출하게 된다. 마찬가지로 원자 안의 전자 궤도도 안정적일 수 없으며, 그렇게 되면 우리가 아는 형태의 물질은 존재할 수 없다. 따라서 다중 역사 가설이 평평한 방향들을 임의로 허용한다고 해도 세 개의 평면 차원을 가지는 역사만이 지적 생명체를 품을 수 있다. 그리고 그런 역사 안에서만 '왜 공간은 3차원인가?' 같은 질문이 제기될 수 있는 것이다.

우리가 관찰하는 우주에서의 또 한 가지 놀라운 특성은 아노 펜지어스와 로버트 윌슨이 발견한 마이크로파 배경과 관련이 있다. 이 배경복사는 근본적으로 우주가 아주 어렸을 때를 보여주는 화석 기록이라고 할 수 있으며, 어느 방향으로 바라보든지 거의 같다. 방향 간의 차이는 대략 10만 분의 1 정도이다. 이 차이는 대단히 작은 것이지만, 설명이 필요하다. 배경복사가 왜 평평한지에 대한 일반적인 해석은 아주 초기의 우주의 역사에 우주가 대단히 급속한 팽창의 기간을

모든 것은 어떻게 시작되었는가?

겪었으며, 순간적으로 적어도 수십억의 세제곱 배만큼 커졌다는 것이다. 이 과정을 '인플레이션(inflation)'이라고 하는데, 우리들을 종종 괴롭히는 물가 인플레이션과는 달리 우주에게는 아주 좋은 것이었다. 이 팽창이 전부였다면, 마이크로파 복사는 모든 방향에 대해서 완전히 똑같았을 것이다. 그렇다면 이 작은 불일치는 어디에서 온 것일까?

1982년 초, 나는 이 차이가 팽창 기간 동안의 양자요동(Quantum fluctuation)에서 나온 것이라고 제안하는 논문을 썼다. 양자요동은 불확정성 원리의 결과로서 발생한다. 게다가 이런 요동은 우리 우주의 구조물인 은하, 별, 그리고 우리를 키워낸 씨앗이었다. 이 아이디어는 내가 그보다 10년 전에 예측했던 블랙홀의 지평선에서의 호킹 복사와 기본적으로 동일한 메커니즘이다. 다만 이 요동은 우주의 지평선, 즉 우리가 볼 수 있는 부분과 볼 수 없는 부분 사이를 가르는 표면에서 일어난다는 점만 다르다.

그해 여름에 케임브리지에서 워크숍이 열렸고, 이 분야의 주요 선수들이 모두 참석했다. 이 워크숍에서 인플레이션에 대해서 현재까지 알려진 내용 대부분이 정립되었는데, 대단히 중요한 개념인 밀도요동(density fluctuation)에 관한 내용도 이때 나왔다. 이 밀도요동이 은하를 형성하고 따라서 우리

호킹의 빅 퀘스천에 대한 간결한 대답

의 존재도 형성한 것이다. 몇몇 사람들은 최후의 답에 기여했다. 이때가 1993년 코비(COBE) 위성(Cosmic Background Explorer satellite)이 마이크로파 배경에서 요동을 발견하기 10년 전이었으니, 이론이 실험을 앞서간 셈이었다.

10년 후인 2003년, 더블유맵(WMAP) 위성이 첫 번째로 내놓은 결과를 통해서 우주론은 정밀과학이 되었다. WMAP 위성이 우주 마이크로파 배경의 온도 지도를 만든 것이다. 이 지도는 우주의 현재 나이의 100분의 1 정도 되는 순간이 기록된 일종의 우주의 스냅 사진 같은 것이다. 우리가 보는 불규칙성들은 인플레이션에 의해서 예측된 것이며, 우주의 일부 지역이 다른 곳보다 밀도가 아주 약간 높았음을 의미한다. 이 약간 더 높은 밀도의 중력으로 인해서 그 부분의 팽창 속도가 느려졌고, 결국 수축해서 은하와 별이 생성되는 원인이 되었다. 그러므로 마이크로파 배경 지도를 유심히 들여다보자. 이 지도는 우주 안의 모든 구조에 대한 청사진이다. 우리는 초기 우주의 양자요동의 산물이다. 신은 진짜로 주사위 놀이를 하는 것이다.

오늘날에는 플랑크 위성이 WMAP을 대체했다. 플랑크 위성은 훨씬 더 높은 해상도의 우주 지도를 제작한다. 플랑크 위성은 우리가 만든 이론들을 본격적으로 검증하는 중이며,

모든 것은 어떻게 시작되었는가?

심지어 인플레이션에 의해서 예측된 중력파의 흔적을 검출할 수도 있다. 이것은 하늘에 아로새겨진 양자중력일 것이다.

다른 우주가 있을 수도 있다. M이론은 여러 다양한 역사들의 우주가 무(無)에서 생겼다고 예측한다. 각각의 우주는 현재까지 나이를 먹고 미래를 넘어 성장함에 따라서 여러 가능한 역사들과 상태들을 가지게 된다. 이러한 상태들 중 대부분은 우리가 관측하는 우주와 상당히 다른 모습을 띨 것이다.

LHC(Large Hadron Collider), 즉 제네바에 있는 세른(CERN)의 거대 강입자 충돌기에서 M이론의 첫 번째 증거를 보게 되리라는 희망도 여전히 존재한다. M이론의 관점에서 보면 낮은 에너지들을 탐색할 뿐이지만, 혹시 운이 좋으면 초대칭 이론(supersymmetry theory) 같은 기본 이론의 약한 신호를 볼 수 있을지도 모른다. 나는 현재 알려진 입자들의 초대칭 짝꿍을 발견함으로써 우주에 대한 우리의 이해에 대변혁이 일어날 것이라고 믿는다.

2012년에 제네바 CERN의 LHC에서 힉스 입자가 발견되었다는 소식이 공표되었다. 이것은 21세기 들어 새로운 기본 입자의 첫 발견이었다. LHC가 초대칭을 발견할 희망은 여전히 있다. 그러나 LHC에서 다른 새 기본입자를 발견하지 못한다고 해도 지금 계획 단계에 있는 차세대 가속기에서 초대

호킹의 빅 퀘스천에 대한 간결한 대답

칭이 발견될 수 있을 것이다.

'뜨거운 빅뱅(Hot Big Bang)'에서 일어난 우주의 시작 그 자체가 M이론을 검증하고 시공간과 물질의 기본 블록에 대한 가설들을 시험할 궁극의 고에너지 실험실이다. 현재 우주의 구조 안에는 다양한 이론들이 남겨놓은 다양한 지문들이 찍혀 있으므로, 천체물리 데이터들을 통해서 자연계의 모든 힘의 통합에 대한 단서를 찾을 수 있다. 다른 우주도 있을 수 있겠지만, 불행하게도 그 다른 우주들은 절대 탐사할 수 없을 것이다.

지금까지 우주의 기원에 대해서 몇 가지를 살펴보았다. 그리고 이제 두 가지 큰 문제가 남았다. 우주에 종말이 올 것인가? 우주는 유일무이한가?

그렇다면 가장 가능성이 높은 우주의 역사는 앞으로 어떻게 될 것인가? 지적 존재의 등장과 양립할 수 있는 여러 가지 다양한 가능성이 있는 것 같다. 이런 가능한 역사들의 미래는 우주 안의 물질의 양에 좌우된다. 물질이 특정한 임계량보다 많으면, 은하들 사이의 중력이 잡아당기면서 팽창을 늦출 것이다.

그 결과 별들은 서로를 향해 떨어지기 시작할 것이고, 모두 한 군데로 모여 빅뱅의 반대 개념인 빅 크런치(Big Crunch)로

모든 것은 어떻게 시작되었는가?

진행될 것이다. 그리고 이것이 실재 시간 안에서의 우주 역사의 끝이 될 것이다. 내가 동아시아 지역을 다니고 있을 때, 시장에 미칠 영향을 고려하여 이 빅 크런치에 대해서는 언급하지 말아달라는 부탁을 받았었다. 그러나 시장이 붕괴한 것으로 보아 그 이야기가 어떻게든 새어나갔던 모양이다. 영국에서는 200억 년 후에 일어날지도 모를 우주 종말에 대해서 사람들이 크게 걱정하지 않은 것 같다. 우주가 종말을 맞이할 때까지 충분히 먹고 마시고 즐겁게 지낼 수 있으니까.

우주의 밀도가 임계치보다 작으면, 중력은 너무 약해서 우주가 서로 멀리 떨어져 영원히 날아가는 것을 막을 수 없다. 별들은 전부 타버릴 것이고, 우주는 점점 더 텅 비어가고 점점 더 차가워질 것이다. 따라서 이 경우에도 모든 것은 종말에 도달하게 되지만, 그 방법은 조금은 덜 극적이 될 것이다. 그래도 우리에게는 여전히 수십억 년의 시간이 남아 있다.

지금까지 나는 우주의 기원, 미래, 그리고 우주의 본질에 관해서 설명해보려고 노력했다. 과거의 우주는 작고 빽빽해서 서두에서 말했던 호두 껍질과 비슷한 상태였다. 그럼에도 이 호두는 실제 시간 안에서 일어나는 모든 것들을 암호화한다. 그러니까 햄릿은 옳았다. 우리는 호두 껍질 안에 묶여 있으면서도 무한한 우주의 왕이라고 자처할 수 있다.

호킹의 빅 퀘스천에 대한 간결한 대답

3
우주에는 다른 지적 생명체가
존재하는가?

이 장에서는 우주 안의 생명체의 발달에 대해서, 특히 지적 생명체의 발달에 대해서 조금 생각해보려고 한다. 그리고 비록 역사 전반에 걸쳐 하는 짓이라고는 대부분 어리석고 다른 종들의 생존을 돕는 일에도 무신경하기는 했어도, 이 지적 생명체에 인간도 포함시켜볼까 한다. 여기에서 내가 논의하려는 문제는 두 가지이다. '우주의 다른 곳에 생명체가 존재할 확률은 얼마인가?' 그리고 '미래에는 생명체가 어떻게 발달할 것인가?'

시간이 흐르게 되면 모든 것이 무질서해지고 혼란스러워지는 것은 일반적인 경험을 통해서 알 수 있다. 심지어 이러한 관측 내용은 자체적인 법칙도 가지고 있다. 소위 열역학 제2법칙이다. 열역학 제2법칙은 우주의 무질서의 총량, 즉 엔트로피가 시간에 따라서 항상 증가한다고 말한다. 그런데 이 법칙은 무질서의 총량에 대해서만 언급한다. 개체 하나의 경우를 놓고 볼 때, 주위의 무질서의 양이 훨씬 더 많이 증가한다고 하면 개체 자체의 무질서는 감소할 수도 있다.

이런 일이 생명체에게 일어나고 있다. 우리는 생명을 무질서의 경향에 맞서 자신을 보호하고 자신의 개체를 재생산할수 있는 질서정연한 개체로 정의한다. 그 말은 생명체가 자신과 비슷하지만 독립적이고 질서정연한 개체를 생산할 수 있다는 뜻이다. 이런 일을 하려면 개체는 질서정연한 형태로 있는 에너지—이를테면 음식, 햇빛, 전기—를 무질서한 에너지, 즉 열 형태의 에너지로 변환해야 한다. 이런 식으로 개체는 자신과 자신의 자식들 안에서 질서가 증가하면서 동시에 무질서의 총량을 증가시켜야 하는 요구사항을 만족시킬 수있다. 이렇게 말하니 어느 집에 아기가 태어날 때마다 집 안이 점점 난장판이 되어간다는 얘기와 일맥상통하는 것 같다.

독자와 나 같은 생명체들은 두 가지 요소를 가지고 있다. 생명을 유지하고 개체를 복제하도록 개체에게 지시하는 명령들, 그리고 그 명령을 수행하는 메커니즘이다. 생물학에서는 이 둘을 각각 유전자와 신진대사라고 부른다. 그러나 이것이 꼭 생물학적이어야 할 필요는 없음을 강조해두는 것이좋겠다.

컴퓨터 바이러스를 예로 들면, 컴퓨터 바이러스는 컴퓨터

메모리 안에서 자신을 복제하는 프로그램이고, 스스로를 다른 컴퓨터로 옮겨가도록 할 수도 있다. 따라서 컴퓨터 바이러스는 내가 제시한 생명체의 정의에 꼭 맞는다. 그러나 컴퓨터 바이러스도 생물학적인 바이러스처럼 다소 퇴화된 형태라고 할 수 있는데, 이 두 바이러스들은 오로지 명령 또는 유전자만을 보유하고 있고 자체적인 대사 활동을 하지 못하기 때문이다. 그 대신 바이러스는 호스트 컴퓨터 또는 숙주 세포의 신진대사를 다시 프로그래밍한다. 사람들 중에는 바이러스를 생명으로 쳐야 하는지 의문을 제기하는 이들도 있다. 바이러스는 숙주에 기생하며 독립적으로는 존재하지 못하기 때문이다. 그러나 그렇게 따지면 우리 자신을 포함한 생명 형태의 대부분은 모두 기생 생물이다. 생명체들은 영양분을 섭취하며 자신의 생존을 다른 형태의 생명체에게 의존하고 있으니 말이다.

나는 컴퓨터 바이러스를 생명체로 간주해야 한다고 생각한다. 그리고 우리가 지금까지 만들었던 유일한 생명체의 한 형태가 순수하게 파괴적인 존재라는 사실은 인간 본성의 한 단면을 보여주고 있는 것 같다. 우리도 우리 자신의 형상으로 생명을 창조한 것이다. 이런 전자 기반의 생명에 대해서는 뒤에서 다시 언급할 것이다.

우주에는 다른 지적 생명체가 존재하는가?

우리가 일반적으로 생각하는 '생명'은 탄소 원자들의 사슬 기반에 질소나 인 같은 몇몇 다른 원자가 붙어 있는 형태이다. 다른 화학 원소들, 예를 들면 실리콘 같은 원소에서도 생명이 발생할 수 있다고 생각할 수 있겠지만, 탄소가 가장 풍부한 화학적 성질을 가지고 있기 때문에 가장 적합할 것 같다.

탄소 원자들이 그 성질을 모두 가지고 존재하려면 물리 상수들이 미세하게 조정되어야 한다. 이를테면 양자색역학(QCD, quantum chromodynamics : 쿼크를 연결하여 하드론을 형성시키는 강한 상호작용을 기술하는 양자장론/역주)의 결합상수, 전기전하, 심지어 시공간의 차원까지 잘 조정되어야 한다. 만일 이런 상수들이 지금과 상당히 다른 값들을 가지고 있었다면, 탄소 원자의 핵은 안정적인 상태로 있지 못하거나 전자들이 핵으로 떨어졌을 것이다. 언뜻 보기에 우주가 이렇게 대단히 미세하게 조정되어 있다는 것이 놀라워 보일 수도 있다. 어쩌면 이것은 인류를 창조하기 위해서 우주가 특별히 설계되었다는 증거일지도 모른다. 그러나 이런 주장을 할 때는 신중해야 한다. 우주에 대한 이론이 우리 존재와 양립할 수 있어야 한다고 하는 인간 중심 원리 때문이다.

인간 중심 원리는 우주가 생명 발달에 적합하지 않았다면, 왜 우주가 이렇게 미세하게 조정되어 있는지 묻는 우리도 존

호킹의 빅 퀘스천에 대한 간결한 대답

재하지 않았을 것이라는 자명한 진실에 바탕을 두고 있다. 이 인간 중심 원리도 강한 버전과 약한 버전이 있다. 강한 인간 중심 원리는 수많은 다른 우주들이 있으며 각각의 우주의 물리상수들이 저마다 다르다고 가정한다. 그리고 그중 소수의 우주가 가지는 물리상수들이 생명체의 구성 블록인 탄소 원자 같은 물질의 존재를 허용한다. 우리는 이런 우주들 중 하나에서 살아야 하므로 우리 우주의 물리상수가 미세하게 조정되어 있다는 사실에 놀랄 필요는 없다. 그렇지 않았다면 우리는 여기에 없었을 테니까. 따라서 강한 버전의 인간 중심 원리는 그다지 썩 만족스럽지 않다. 이 원리대로라면 다른 모든 우주들의 존재에 대해서 어떤 의미를 부여할 수 있을까?

그리고 그 우주들이 우리 우주와 분리되어 있다면, 그 우주에서 일어나는 사건이 우리 우주에 어떻게 영향을 미칠 수가 있을까? 따라서 나는 약한 버전의 인간 중심 원리를 선택하겠다. 그러니까 주어진 대로의 물리상수 값을 취하고, 이 우주의 역사들 중 현 단계에서 이 행성에 생명이 존재한다는 사실로부터 도출되는 결론을 지켜볼 것이다.

약 138억 년 전에 빅뱅으로 우주가 시작될 때에는 탄소가 없었다. 당시의 우주는 너무 뜨거워서 모든 물질은 양성자와 중성자라고 하는 입자의 형태로만 존재하고 있었다. 처음에

우주에는 다른 지적 생명체가 존재하는가?

는 양성자와 중성자의 개수가 같았다. 그러나 우주가 팽창하면서 냉각되기 시작했다. 빅뱅 후 약 1분이 지났을 때의 온도는 대략 10억 도 정도가 떨어졌고, 이때의 온도가 태양 온도의 100배 정도 된다. 이 온도에서 중성자가 붕괴하여 더 많은 양성자가 생겼다.

만일 이것이 전부였다면, 우주 안의 모든 물질들은 양성자 하나로 구성된 가장 단순한 원소인 수소가 되면서 결말을 맺었을 것이다. 그러나 중성자들 중 일부가 양성자와 충돌하여 들러붙으면서 그다음으로 단순한 원소, 즉 원자핵에 양성자 두 개와 중성자 두 개가 들어가는 헬륨이 형성되었다. 여전히 초기 우주에서는 탄소나 산소 같은 더 무거운 원소들은 만들어지지 않았다. 수소와 헬륨만으로 만들어진 생명체는 상상하기 어렵다 —그리고 아무튼 초기 우주는 너무 뜨거워서 원자들이 분자로 결합할 만한 환경이 되지 못했다.

우주는 계속해서 팽창하고 냉각되었다. 그러나 어느 부분은 다른 곳보다 밀도가 약간 더 높았고, 그래서 그 부분의 추가적인 물질의 중력에 의해서 팽창이 조금 늦춰지다가 결국에는 멈춰버렸다. 그렇게 해서 밀도가 높은 부분은 붕괴해서 은하와 별을 형성했다. 빅뱅 후 20억 년이 지나고 일어난 일이다. 초기 별들 중에는 우리 태양보다 훨씬 더 무거운 별들도 있었다. 이런 별들은 태양보다 더 뜨거웠고 원래의 산소와 수소를 태워 탄소, 산소, 철 등의 더 무거운 원소들을 만들었다. 이 과정은 불과 수억 년 전쯤 일어났을 것이다. 이후에 별들 중 일부는 초신성으로 폭발하고 무거운 원소들을 우주에 흩뿌리는데, 그 원소들은 다음 세대의 별들을 만들기 위한 원료가 되었다.

다른 별들은 너무 멀리 있어 그 주위를 도는 행성들이 있다고 해도 직접 볼 수 없다. 그러나 다른 별들 주위의 행성을 관측할 수 있는 두 가지 기술이 있다.

첫 번째는 별을 보고 그 별에서 오는 빛의 양이 일정한지를 보는 것이다. 별의 앞쪽에서 행성이 움직이고 있으면, 별에서 오는 빛이 약간 가려져 별이 조금 어두워질 것이다. 이런 일이 주기적으로 일어난다면, 행성의 궤도가 별의 앞면을 반복적으로 가로지르고 있다고 해석할 수 있다.

두 번째 방법은 별의 위치를 정확히 측정하는 것이다. 행성이 별 주위를 돌고 있으면, 별의 위치가 아주 약간 흔들리게 되는 결과를 낳는다. 이런 움직임은 관측할 수 있다. 마찬가지로 이런 흔들림이 주기적으로 관측된다면, 이것 역시 별 주위의 궤도를 도는 행성 때문이라고 유추할 수 있다. 이 방법들이 처음 적용된 것은 20년 전이었는데, 현재는 이 방법

우주에는 다른 지적 생명체가 존재하는가?

에 의해서 멀리 있는 별의 주위를 도는 수천 개의 행성들이 발견되었다. 통계적으로 볼 때 생명과 양립할 수 있는 거리의 궤도를 도는 행성을 거느린 별은 대략 다섯 개 중 하나꼴이다. 우리의 태양계는 45억 년쯤 전, 그러니까 빅뱅 후 90억 년이 조금 더 지났을 때, 초기 별들의 잔해로 오염된 기체로부터 형성되었다. 지구의 대부분은 탄소와 산소 같은 무거운 원소들로 구성되었다. 그리고 어찌어찌하여 이 원자들 중 일부가 DNA(데옥시리보 핵산, deoxyribonucleic acid) 분자 구조로 배열되었다.

이중 나선 구조로 잘 알려진 DNA는 1950년대에 프랜시스 크릭과 제임스 왓슨이 케임브리지의 캐번디시 연구소에서 발견했다. 핵산의 구성 성분인 염기들은 쌍쌍이 연결되어 이중 나선 구조를 이루는데, 염기에는 아데닌, 시토신, 구아닌 그리고 티민이라는 모두 네 가지 유형이 있다. 한쪽 사슬의 아데닌은 항상 다른 쪽 사슬의 티민과 연결되고, 마찬가지로 구아닌은 시토신과 연결되어 있다. 따라서 한쪽 사슬의 염기 배열이 정해지면 다른 쪽 사슬의 배열도 이와 상호보완적으로 고유하게 결정된다. 두 사슬은 분리될 수 있으며, 분리되면 다음 사슬을 만드는 템플릿 같은 역할을 한다. 따라서 DNA 분자는 염기 배열 안에 암호화된 유전 정보를 복제할 수 있다. 배열 중 일부 섹션들은 단백질과 다른 화학 물질을 만드는 데에도 사용될 수 있는데, 그 배열 안에 암호화된 형태로 명령을 실을 수 있고 이후 자체 복제할 수 있도록 DNA의 원료들을 짜맞출 수 있다.

앞에서 말했듯이, 우리는 DNA 분자가 맨 처음 어떻게 등장했는지 알지 못한다. 무작위적인 요동에 의해서 DNA 분자가 발생할 확률은 매우 낮기 때문에, 일부에서는 생명이 다른 곳에서 지구로 왔다거나 — 이를테면 행성들이 여전히 불안정한 상태였을 때 화성에서 쪼개진 암석에 묻어 지구로 왔다던가 하는 식이다 — 은하 안에 생명의 씨앗이 둥둥 떠다니고 있다는 주장이 나오기도 했다. 그러나 DNA가 우주 공간에 퍼져 있는 복사 안에서 그렇게 오래 살아남을 수 있을 것 같지는 않다.

어떤 행성에서의 생명 발현 가능성이 그렇게 낮다면, 시간이 아주 오래 걸렸던 것이라고 생각해볼 수도 있다. 좀더 정확히 말해서 태양이 부풀어올라 지구를 삼켜버리기 전에 우리 같은 지적 존재로 진화할 시간을 남겨두고 생명체가 등장했다고 생각하는 것이다. 이런 일이 일어날 수 있는 기간은 태양의 생애인 대략 100억 년 정도이다. 그 기간이면 아마도 지적 생명체는 우주여행을 하는 방법을 익힌 후 다른 별로 탈출할 수 있을 것이다. 그러나 만일 탈출이 불가능하다면, 지구 위의 생명은 파멸을 맞이할 것이다.

지구 위의 생명체가 최초로 등장한 것은 약 35억 년 전이라는 화석 증거가 있다. 35억 년이면 지구가 안정되고 생명이 발달할 만큼 충분히 냉각되고 나서 겨우 5억 년이 지났을 때이다. 그러나 생명이 우주에서 발달하려면 70억 년 정도까지도 걸릴 수 있고, 우리처럼 생명의 기원에 대해서 의문을 품을 수 있는 존재로 진화하려면 그보다 시간이 더 필요하다. 행성에서 생명이 발달할 확률이 그렇게 매우 낮다면, 왜 지구에서 생명이 탄생한 데에는 그보다 14분의 1 정도의 시간밖에 걸리지 않았을까?

지구에서 그렇게 일찍 생명체가 등장했다는 사실은 조건이 맞으면 생명의 자연 발생 가능성이 꽤 높다는 것을 암시한다. 아마도 처음에는 좀더 단순한 형태의 유기조직이 있었을 것이고 이것이 DNA를 구성했을 것이다. 일단 DNA가 등장하면 이전 형태를 완전히 성공적으로 대체할 수 있었을 것이다. 이 초기 형태의 유기조직이 어떤 것이었는지 모르지만, 한 가지 가능성으로 꼽히는 것이 RNA이다.

RNA(리보 핵산, ribonucleic acid)는 DNA와 비슷하지만, 이중 나선 구조를 가지고 있지 않아 형태가 훨씬 단순하다.

호킹의 빅 퀘스천에 대한 간결한 대답

짧은 길이의 RNA는 DNA처럼 스스로를 복제할 수 있고, 궁극적으로는 DNA를 구성할 수 있다. 아직 실험실에서는 무생물 물질로부터 RNA는 고사하고 핵산도 만들어내지 못한다. 그러나 바다로 대부분이 뒤덮인 지구에 5억 년의 시간이 주어지면, 우연히 RNA가 만들어질 확률은 상당히 높다.

DNA가 스스로를 복제하다 보면 무작위적으로 오류가 일어날 수 있고, 이런 오류들 중 대부분은 생존에 해로운 것이라 스스로 멸종되었을 것이다. 또 오류들 중 일부는 유전자의 기능에 영향을 미치지 않는 중성이었을 것이다. 그리고 일부 오류는 종의 생존에 호의적이었을 것이다 — 이것이 다윈의 자연선택설(theory of natural selection)에 의해서 선택되어 남은 것이다.

생물학적 진화의 과정은 처음에는 매우 느리다. 초기 세포가 다세포 조직으로 진화하는 데에는 약 25억 년이 걸렸다. 그러나 그중에서 일부가 물고기로, 그리고 물고기의 일부가 포유류로 진화하는 데에는 수십억 년도 걸리지 않았다. 그리고 나서 진화는 훨씬 더 가속이 붙은 것 같다. 초기 포유류에서 우리 인간으로 진화하는 데에는 겨우 1억 년밖에 걸리지 않았다. 그 이유는 인간이 가지고 있는 핵심 기관들을 초기 포유류들이 나름의 버전으로 이미 가지고 있었기 때문이다.

우주에는 다른 지적 생명체가 존재하는가?

초기 포유류에서 인간으로 진화하는 데에 필요한 것은 약간의 미세한 조정이 전부였다.

그러나 인류 진화는 DNA의 발달에 맞먹을 만한 중요한 단계에 도달했다. 바로 언어의 발달, 그중에서도 특히 문자의 발달이었다. 이것은 유전적으로 DNA를 통해서 다음 세대로 전달되는 정보 말고도 더 많은 정보가 전달될 수 있음을 의미한다. 역사로 기록된 1만 년의 시간 동안 인간의 DNA에는 생물학적 진화에 의한 검출 가능한 변화가 있었다. 그러나 그 사이에 한 세대에서 다음 세대로 전달되는 정보의 양은 어마어마하게 증가했다. 나는 과학자로서 오랜 연구를 통해서 우주에 대해서 알게 된 내용들을 독자들에게 들려주기 위해서 여러 책들을 써왔고, 그러기 위해서 내 뇌 속에 들어 있는 지식을 여러분이 읽을 수 있는 종이 위에 옮겨 적어왔다.

인간의 난자와 정자 안의 DNA는 약 30억 개의 염기쌍을 포함하고 있다. 그러나 이 배열 안에 암호화된 정보들 대부분은 중복되거나 비활성화되어 있는 것 같다. 따라서 우리 유전자 안에 든 정보들 중 쓸모 있는 정보의 총량은 대략 어림잡아 1억 비트 정도 될 것이다. 정보 1비트는 예/아니오 질문에 대한 답이라고 생각하면 된다. 이와는 대조적으로 페이퍼백 소설책 한 권에는 약 200만 비트의 정보가 담겨 있다. 따라서 인간에 담긴 정보의 양은 대략 『해리 포터(*Harry Potter*)』 책 50권과 동일하다. 주요 국립 도서관에 소장된 책의 권수는 약 500만 권 정도 된다. 그러니까 대략 10조 비트이다. 책이나 인터넷을 통해서 전달되는 정보의 양은 DNA에 들어 있는 정보의 양보다 10만 배 정도 많다.

심지어 더 중요한 것은 책 안에 든 정보는 훨씬 더 신속하게 변경하고 업데이트할 수 있다는 점이다. 우리가 발달이 덜 된 초기 유인원으로부터 진화하는 데에는 700만 년이 걸렸다. 그 시간 동안 우리 유전자의 쓸모 있는 정보는 수백만 비트 정도만 바뀌었다. 따라서 인간의 생물학적 진화 속도는 대략 1년에 1비트 정도가 되는 셈이다. 이와는 대조적으로 해마다 출간되는 영어로 쓰인 새 책이 약 5만 권가량이며, 여기에는 1,000억 비트 규모의 정보가 담긴다. 물론 이 정보의 절대 다수는 어떠한 형태의 생명체에게도 쓸모가 없는 쓰레기이다. 그렇다고는 해도 쓸모 있는 정보가 추가될 수 있는 속도는 수백만 비트, 어쩌면 수십억 비트에 육박할 수도 있다. DNA보다는 훨씬 빠른 속도이다.

그것은 우리가 진화의 새로운 단계에 진입했음을 의미한다. 처음에 진화는 무작위 돌연변이라는 자연 선택에 의해서 진행되었다. 이 다윈의 진화 단계는 약 35억 년가량 지속

우주에는 다른 지적 생명체가 존재하는가?

만일 지구 외의 다른 곳에도 지적 생명체가 존재한다면
우리가 익히 알고 있는 형태와 비슷할까요,
아니면 다를까요?

과연 지구에는 지적 생명체가 존재하는 것일까요? 그러나
일단 진지하게 말해서, 만일 지적 생명체가 다른 곳에도
존재한다면, 굉장히 먼 곳에 있을 것입니다. 그렇지
않았다면, 지금쯤은 이미 지구를 방문했겠죠. 그리고 그런
손님이 찾아왔다면, 우리가 벌써 알았을 것이라고
생각합니다. 마치 영화「인디펜던스 데이(Independence
Day)」에서와 같은 모습이었을 것입니다.

되었고, 언어를 개발하여 정보를 교환할 수 있는 인간을 만들었다. 그러나 지난 1만 년 동안 우리는 소위 외부 전달 단계에 있었다. 이 시기 동안 정보의 **내부** 기록, 즉 DNA에 새겨져 다음 세대로 건네지는 정보도 다소 변화했다. 그러나 **외부** 기록—책 또는 오래 지속 가능한 다른 형태의 저장 수단—은 어마어마하게 성장했다.

어떤 사람들은 '진화'라는 단어를 내부적으로 전달되는 유전물질에만 사용하고 외부로 전달되는 정보에 적용하는 것을 거부하기도 한다. 그러나 나는 그것이 너무 좁은 견해라고 생각한다. 우리는 단순히 유전자 이상의 존재들이다. 우리가 혈거시대의 조상들보다 힘이 더 세거나 본질적으로 지능이 더 높거나 하지는 않을 것이다. 그러나 우리는 지난 1만 년 동안 축적해온 지식에 의해서, 특히 지난 300년간의 지식에 의해서 그들과 구별되는 존재들이 되었다. 나는 외부로 전달되는 정보도 DNA와 마찬가지로 인류의 진화에 포함시키는 폭넓은 견해를 가지는 것이 타당하다고 생각한다.

외부 전달 기간의 시간 척도는 결국 정보 축적의 척도라고 볼 수 있다. 이 기간은 예전에는 수백 년, 아니면 심지어 수천 년까지도 걸렸었다. 그러나 현재는 이 기간이 50년 정도로 줄어들었다. 반면 이런 정보들을 처리하는 뇌는 다윈 학설의

우주에는 다른 지적 생명체가 존재하는가?

시간 척도인 수십만 년에 걸쳐 진화해오고 있다. 이것이 문제가 되기 시작했다. 19세기에는 세상에 나온 모든 책을 다 읽은 사람이 있다는 말도 있었다. 그러나 오늘날에는 책을 하루에 한 권씩 읽는다고 해도, 국립 도서관에 있는 책을 전부 다 읽는 데에만 수만 년이 걸린다. 그리고 그러는 동안에도 더 많은 책이 끊임없이 나올 것이다.

이 말은 이제 인간이 방대한 인류의 지식 중 극히 일부만 습득할 수 있게 되었다는 뜻이다. 이제 사람들은 한 분야에서 전문성을 갖추어야 한다. 이것이 미래의 주요 제약이 될 것이다. 확실히 앞으로 한동안은 지난 300년 동안 경험했던 지식의 지수함수적 증가를 계속하지 못할 것이다. 미래 세대에게 더 큰 제약과 위험은 인간이 여전히 혈거시대에 가지고 있던 본능을, 그중에서도 특히 공격적인 충동을 가지고 있다는 점이다. 다른 사람들을 지배하거나 죽이고 여자와 식량을 약탈하는 식의 공격성은 불과 얼마 전까지만 해도 생존에 이로운 결정적인 이점을 가지고 있었다. 그러나 이제는 그 본능이 인류 전체와 지구상의 다른 생명들 대부분을 파괴할 수도 있다. 핵전쟁은 여전히 가장 급박한 위험이지만, 유전적으로 만들어진 바이러스의 살포나 불안정해지는 온실 효과 같은 다른 위험도 존재한다.

더 지적이고 올바른 성정을 가진 인간이 되기 위해서 다윈의 진화를 기다릴 시간이 우리에게는 없다. 그러나 우리는 이제 '자체 설계 진화'라고 부를 수 있는 새로운 진화 단계에 접어들었다. 우리의 DNA를 직접 변경하고 개선할 수 있게 될 것이라는 뜻이다. 현재 DNA 지도가 제작되어 있는데, 이로써 우리가 '생명의 책'을 읽게 된 셈이며 이제부터 직접 DNA를 고치는 일도 가능해졌다. 물론 처음에는 유전적 결함을 고치는 수준에 그칠 것이고, 낭포성 섬유증이나 근위축증처럼 단일 유전자에 의해서 제어되어 결함의 검출과 수정이 상대적으로 쉬운 질병들이 첫 번째 대상이 될 것이다. 지능과 같은 다른 특질들은 아마도 굉장히 많은 수의 유전자에 의해서 제어되고 있을 것이며, 여기에 관여하는 유전자들을 찾고 그 사이의 관계를 아는 것은 훨씬 더 어려울 것이다. 그럼에도 나는 21세기가 끝나기 전에 인간의 지능과 공격성과 같은 본능을 수정하는 방법을 발견할 수 있으리라고 확신한다.

인간을 대상으로 하는 유전공학에 반대하는 법률이 통과될 수도 있다. 그러나 우리 중에는 기억 용량, 질병에 대한 저항력이나 생명 연장 같은 인간의 특성들을 개선하고 싶은 욕망에 저항하지 못하는 사람들이 반드시 있게 마련이다. 일단 이런 초인이 세상에 등장하면, 초인과 경쟁할 수 없는 개량되지 않은 인간들은 심각한 정치적 문제를 겪게 될 것이다. 아마도 이런 사람들은 죽어서 소멸되거나 하찮은 존재로 전락하게 될 것이다. 그 대신 자체 설계된 인종들이 등장할 것이고, 그들은 스스로를 개선해나가며 생존하는 데에 박차를 가할 것이다.

만일 인류가 스스로를 재설계하는 데에 성공하여 자멸의 위험을 감소시키거나 제거할 수 있다면, 인류는 우주로 확산되어 다른 행성과 별을 개발하러 나서게 될 것이다. 그러나 우리들처럼 DNA에 기반을 둔 화학적 생명체들에게는 장거리 우주여행은 쉽지 않다. 화학적 생명체들의 자연적 생명주기가 여행 시간에 비해서 대단히 짧은 탓이다. 상대성이론에 따라 빛보다 빠르게 여행할 수 있는 것은 아무것도 없기 때문에, 가장 가까운 별까지의 왕복 여행은 적어도 8년, 은하 중심까지의 왕복 여행은 5만 년이나 걸린다. 과학소설에서는 이런 난제를 공간의 휨이나 다른 차원을 통하는 여행으로 해결한다.

그러나 나는 지적 생명체가 앞으로 어떻게 변하든 이런 것들이 가능하리라고는 생각하지 않는다. 상대성이론에 따르면 빛보다 빠르게 여행할 수 있으면 시간을 거슬러올라갈 수 있기 때문에, 과거로 날아가서 과거의 사건을 바꿀 때 일어나는 패러독스가 발생하게 된다. 그리고 애초에 이런 일이 가능했다면, 사람들은 우리들의 고풍스럽고 진기한 모습을 궁금해하며 미래에서 날아온 수많은 관광객을 벌써 만났을 것이다.

유전공학을 이용하여 DNA 기반의 생명체를 무한정, 아니면 적어도 10만 년 정도는 생존하게 할 수도 있다. 그러나 더 간편하고 우리가 가진 능력으로 지금도 가능한 방법은 기계를 보내는 것이다. 이 기계는 장거리 성간(星間) 여행을 견디도록 설계된다. 이 기계 장치가 새로운 별에 도착하면, 그 별에 착륙해서 채굴을 하고 더 많은 기계를 제작하는 것이다. 그리고 새로 제작된 기계들이 더 많은 별들을 향해 떠난다. 이 기계들이 화학적 고분자가 아닌 전자 소자 기반의 새로운 생명 형태가 될 것이며, 궁극적으로는 DNA 기반의 생명을 대체할 것이다. 마치 DNA가 원시 형태의 생명체를 대체했던 것처럼.

*

은하계를 탐사하면서 외계의 생명체를 만날 확률은 얼마나 될까? 지구 위에서 생명체가 등장한 시간 척도에 관한 주장들이 옳다면, 생명체가 존재하는 다른 별들도 많아야 할 것이다. 이런 태양계들 중 일부는 지구보다 50억 년 전에 형성된 것도 있을 것이다—그렇다면 왜 은하는 자체 설계가 가능한 기계적 또는 생물학적 생명체들로 북적거리지 않는 것일까? 왜 외계인들이 지구를 찾아오지도 않고, 식민지로 삼지도 않는 것일까? 그건 그렇고 나는 외계 생명체들이 UFO를 타고 왔다는 일각의 주장은 그냥 무시하는 쪽을 택했다. 외계인들의 방문은 그보다 훨씬 더 확실하고 아마도 훨씬 더 달갑지 않은 일이 될 것이라고 생각하기 때문이다.

그렇다면 왜 여태 우리를 방문한 이들이 아무도 없는 것일까? 어쩌면 생명이 저절로 발생할 확률이 아주 낮아서 은하 안에서—또는 인간이 관측할 수 있는 우주에서—생명이 발생한 행성은 지구가 유일한 것인지도 모른다. 아니면 자기 복제가 가능한 시스템, 그러니까 세포 같은 생명체가 형성될 확률은 어느 정도 있었지만, 이런 생명체들 대부분이 지적 능력을 가질 때까지 진화하지 못했을 수도 있다. 우리는 진화의 필연적 결말이 지적 생명체라고 생각하는 경향이 있지만, 만일 그런 것이 아니라면 어떤 것일까? 인간 중심 원리는 이런 유의 주장들을 경계하도록 경고해야 한다. 진화는 사실 무작위적으로 일어난 과정일 가능성이 훨씬 크며, 지능은 수

많은 가능한 결과들 중 하나일 뿐이다.

지능이 오래 살아남을 가치가 있는지조차도 불분명하다. 인간의 행위에 의해서 지구 위의 모든 생물이 멸종하더라도 박테리아와 단세포 유기체들은 살아남을 것이다. 어쩌면 지능을 가진 생명체가 지구에 등장한 것은 진화 연대표상에서 그리 있을 법하지 않았던 사건이었는지도 모른다. 단세포에서 지능의 필수 선도자 격인 다세포 생물로 진화하는 데에 25억 년이라는 그 오랜 세월이 걸린 것을 보면 말이다. 25억 년이라는 시간은 태양 폭발 전까지 우리에게 주어진 전체 시간 가운데 상당한 비중을 차지하는 것인데, 생명체가 지능을 가지도록 발달할 확률이 매우 낮다는 가설에 부합하는 것이다. 이 가설이 맞는다면, 은하에서 수많은 생명체들이 발생하기는 하겠으나, 지적 생명체를 발견하게 될 가능성은 매우 낮다.

생명이 지능을 가지는 단계에까지 발달하지 못하는 다른 요인은 소행성이나 혜성이 행성과 충돌하는 경우이다. 1994년에 슈메이커-레비 혜성이 목성과 충돌하는 것이 관측되었다. 이 충돌의 결과로 거대한 유성들이 여러 개 만들어졌다. 지구도 약 6,600만 년 전에 작은 천체와의 충돌을 겪었고, 이것이 공룡의 멸종 원인으로 생각되고 있다. 덩치가 작은 초기 포유류들 몇 종은 살아남았지만, 인간보다 더 큰 생물들

우주에는 다른 지적 생명체가 존재하는가?

은 확실히 멸종되었을 것이다. 이런 충돌이 얼마나 자주 일어나는지는 단언하기 어렵지만, 평균적으로 대략 2,000만 년마다 한 번씩 일어난다고 보는 것이 합리적인 추측이다. 만일 이 추측이 정확하다면, 지구에서 지적 생명체가 발달한 이유는 단지 지난 6,600만 년 동안 큰 충돌이 없었던 행운 때문일 것이라는 뜻이 된다. 은하에서는 어느 행성에서 생명체가 발달했다고 해도 지적 생명체로 진화하기에 충분할 만큼 오랜 시간 동안 충돌을 피하지 못했을지도 모른다.

세 번째 가능성은 생명이 형성되고 지적 생명체로 진화할 합리적인 확률이 있지만, 시스템이 불안정해져서 지적 생명체가 스스로를 파괴했다는 것이다. 이것은 대단히 비관적인 결론이며 나는 이것이 사실이 아니기를 간절히 바란다.

나는 네 번째 가능성을 좋아한다. 저 바깥에 다른 형태의 지적 생명체가 존재하고 있지만, 우리가 보지 못하고 간과했다는 것이다. 2015년에 나는 브레이크스루 리슨 이니셔티브스(Breakthrough Listen Initiatives) 프로젝트의 출범에 관여했다. 이 프로젝트는 전파 관측을 통해서 지능을 가진 외계 생명체를 탐색하는 프로젝트이며, 이를 위해서 최첨단 장비와 넉넉한 후원금 그리고 수천 시간의 전파 망원경 사용 시간을 할당했다. 이 프로젝트는 지구 너머 문명의 증거를 찾는 목적으로는 가장 거대한 규모의 과학적 탐사 프로그램이다. 브레이크스루 메시지는 발달된 문명이 읽을 수 있는 메시지를 개발하는 국제적인 경쟁 대회이다. 그러나 외계의 메시지를 받더라도 답장을 하기 전에 우리가 조금 더 발달할 때까지 기다리는 것이 좋을 것 같다. 현재의 우리 수준을 감안할 때 우리보다 더 진화한 문명을 만나는 것은 미국 원주민이 콜럼버스를 만나는 것과 비슷하다 ― 그리고 원주민들 자신들도 그들이 콜럼버스보다 더 낫다고 생각했을 것 같지는 않다.

우주에는 다른 지적 생명체가 존재하는가?

4

우리는 미래를 예측할 수 있는가?

고대 사람들에게 세상은 도무지 종잡을 수 없는 곳이었을 것이다. 홍수, 전염병, 지진, 화산 폭발 같은 재앙은 아무 경고 없이, 또 분명한 이유 없이 마구잡이로 일어나는 것 같았을 것이다. 원시인들은 이런 자연 현상이 변덕스럽고 엉뚱한 짓을 일삼는 신들의 소행이라고 여겼다. 신들이 무슨 짓을 할지는 예측할 방법이 없었고, 유일한 희망은 선물이나 행위로 환심을 사는 것뿐이었다. 아직도 수많은 사람들이 여전히 이러한 믿음을 지키고 있으며 재물로 신과 협약을 맺으려고 노력하고 있다. 그들은 착한 행동을 하거나 다른 사람들에게 더 친절히 대하면서 학교에서 A 학점을 받거나 운전면허 시험을 통과하기를 바라고 있다.

그러나 사람들은 점차 자연의 행동에 일정한 규칙성이 있음을 깨닫기 시작했다. 이러한 규칙성을 가장 뚜렷하게 보인 것은 천체의 행동이었다. 따라서 천문학이 최초로 발달한 과

우리는 미래를 예측할 수 있는가?

학이 되었다. 천문학은 300여 년 전 뉴턴에 의해서 견고한 수학적 기반 위에 올라설 수 있었고, 우리는 지금도 뉴턴의 중력 이론을 이용하여 거의 대부분의 천체의 운동을 예측한다.

천문학의 예를 따라 다른 자연 현상들도 확고한 과학 법칙을 따른다는 사실이 발견되었다. 그것은 과학적 결정론으로 이어졌는데, 맨 처음 이것을 공개적으로 언급한 사람은 프랑스 과학자 피에르 시몽 라플라스(1749-1827)인 것 같다. 독자들에게 라플라스가 실제로 했던 말을 그대로 인용하고 싶지만, 마치 프루스트가 쓴 것처럼 문장이 지나치게 길고 복잡해서 해석해서 인용하기로 한다. 라플라스가 하려던 말은 어느 한 시점에 우주 안에 있는 모든 입자의 위치와 속도를 알고 있다면, 과거 또는 미래의 어느 한 시점의 입자의 행동을 계산할 수 있다는 것이었다. 이 내용에 관해서는 아마도 사실이 아닐 듯한 이야기가 전해진다. 나폴레옹이 라플라스에게 그럼 이런 체계 안에 신이 어떻게 들어갈 수 있느냐고 묻자, 라플라스가 이렇게 대답했다는 것이다. '폐하, 저는 그 가설이 필요하지 않았습니다.' 나는 라플라스가 신이 존재하지 않는다는 주장을 했다고는 생각하지 않는다. 그의 말은 단지 신이 개입하여 과학의 법칙을 깨뜨리지 않았다는 뜻이다. 그리고 그것은 모든 과학자들이 취해야 할 입장이어야 한다. 만일 사물을 관장하는 초자연적인 존재가 따로 있고 그가 개입하지 않을 때에만 과학 법칙이 성립한다면 그런 것은 과학의 법칙이라고 할 수 없다.

어느 시점의 우주의 상태가 다른 모든 시점의 상태를 결정한다는 아이디어는 라플라스 시대 이래로 과학의 중심 교리였다. 그것은 우리가 미래를, 적어도 원칙적으로는 예측할 수 있음을 암시한다. 그러나 현실적으로 우리가 가진 미래 예측 능력은 엄청나게 복잡한 방정식들에, 또 혼돈(chaos)이라고 하는 특성 때문에 심각하게 제약을 받는다. 「쥬라기 공원(Jurassic Park)」을 본 사람들이라면 아마 알 텐데, 혼돈이란 한 곳에서의 작은 요동 하나가 다른 곳에서 어마어마한 변화를 일으킬 수 있음을 뜻한다. 오스트레일리아의 나비가 작은 날갯짓을 하면 뉴욕 센트럴 파크에 비를 내리게 할 수 있다는 것이다. 문제는 이것을 반복할 수 없다는 것이다. 다음번에 나비의 날갯짓이 일으킬 사건은 앞서와 사뭇 다를 것이며, 날씨에도 영향을 줄 것이다. 일기예보의 신뢰도가 떨어지는 이유는 바로 이런 혼돈 요인 때문이다.

이러한 현실적인 어려움에도 불구하고 과학적 결정론은 1800년대에 이르기까지 공식 신조로 굳건하게 자리를 지켰다. 그러나 20세기에 접어들자 라플라스가 주장한 미래에 대한 완벽한 예측이 실현될 수 없음을 보여주는 두 가지 진전이 있었다. 그 첫 번째는 양자역학이었다. 양자역학은 1900년에 독일의 물리학자 막스 플랑크가 중요한 패러독스를 해결하기 위해서 임시적으로 제안한 가설에서 출발한 것이었다. 라플라스 시대인 19세기 고전적 가설에 따르면, 뜨거운 물체, 예를 들면 빨갛게 단 금속 조각 같은 것들은 복사를 방출한다. 이런 물체들은 적외선, 가시광선, 자외선, X선, 감마선과 같은 전파의 형태로 에너지를 잃으며, 손실되는 비율은 모두 같다. 이 말이 사실이라면 우리는 모두 피부암으로 죽게 될 것이며 우주 안의 모든 것이 같은 온도여야 하는데, 현실은 명백하게 그렇지 않다.

그러나 플랑크는 복사 총량이 아무 값이나 가질 수 있다는 아이디어만 버리면 이런 재앙을 피할 수 있음을 보여주었다. 복사 에너지는 특정한 크기의 묶음, 즉 양자들로서 방출된다는 것이다. 비유하자면, 슈퍼마켓에서 설탕을 살 때 아무렇게나 내키는 대로 살 수 없고 킬로그램 단위 포장으로만 살 수 있는 것과 비슷하다. 묶음, 즉 양자들 안에 든 에너지는 적외선이나 가시광선보다는 자외선과 X선 쪽이 더 높다. 다시 말해 물체가 태양만큼 아주 뜨겁지 않으면 자외선이나 X선의 양자 한 개를 내보내기에도 충분치 않다는 것이다. 그

호킹의 빅 퀘스천에 대한 간결한 대답

래서 우리는 커피 잔 앞에 앉아 있어도 화상을 입지 않는 것이다.

플랑크는 이 양자 아이디어가 가진 숨겨진 의미는 개의치 않고, 물리적 실체가 아닌 단순한 수학적 트릭으로만 보았다. 그러나 물리학자들은 연속적으로 변화하는 양이 아니라 낱알의, 또는 양자화된 값을 가지는 특성으로만 설명할 수 있는 다른 현상들을 발견하기 시작했다. 예를 들면 기본입자들은 작은 팽이처럼 축을 중심으로 회전하는 것처럼 행동한다는 사실이 발견되었다. 그러나 이 스핀의 양은 아무 값이나 될 수 없었다. 이 값은 어떤 기본 단위의 곱이어야만 했다. 이 단위 값은 아주 작기 때문에 일반적인 팽이의 경우 서서히 느려질 때 연속적으로 속도가 줄어드는 것이 아니라 불연속적 단계가 아주 빠르게 이어지면서 느려지는 것임을 깨닫지 못한다. 그러나 원자처럼 작은 팽이라면 이러한 스핀의 불연속적인 특성은 매우 중요하다.

이런 양자적 특성이 결정론에서 가지는 의미를 깨닫게 되기까지는 한참 걸렸다. 그 의미는 1927년 또다른 독일의 물리학자 베르너 하이젠베르크가 입자의 위치와 속도를 동시에 정확하게 측정할 수 없음을 지적하고 나서야 비로소 이해되었다. 입자가 어디에 있는지를 보려면 입자에 빛을 비추어야 한다. 그러나 플랑크의 이론에 따르면 임의의 값을 가지는 빛을 사용할 수 없다. 관찰자는 최소 양자 한 개만큼을 사용해야 한다. 이것이 입자를 방해하게 되고 입자의 속도는 예측할 수 없는 방식으로 변화하게 된다. 입자의 위치를 정확하게 측정하기 위해서는 짧은 파장의 빛, 이를테면 자외선, X선 또는 감마선 같은 빛을 사용해야 한다.

그러나 또다시 플랑크의 이론에 따라 이런 빛들의 양자는 가시광선보다 높은 에너지를 가지고 있다. 따라서 이 빛들은 입자의 속도를 더욱 크게 방해한다. 이렇게 해서는 승산이 없다. 입자의 위치를 더욱 정확하게 측정하려고 하면 할수록 우리가 알 수 있는 속도의 정확성은 더욱 떨어지고, 그 반대의 경우도 마찬가지이다. 이 내용은 하이젠베르크가 정리한 불확정성 원리에 의해서 요약된다. 입자의 위치의 불확정성과 속도의 불확정성의 곱은 언제나 플랑크 상수를 입자 질량의 두 배로 나눈 값보다 크다.

과학적 결정론에 관한 라플라스의 견해에는 어느 한 순간 우주 안의 입자의 위치와 속도를 알 수 있다는 내용이 포함되어 있다. 따라서 그것은 하이젠베르크의 불확정성 원리에 의해서 심각하게 무력화된다. 현재의 입자의 위치와 속도도 동시에 정확하게 측정하지 못하는데, 미래를 어떻게 예측할

호킹의 빅 퀘스천에 대한 간결한 대답

수 있겠는가? 우리가 가진 컴퓨터가 아무리 강력하다고 해도, 엉망인 데이터를 집어넣으면 엉망인 예측이 나올 뿐이다.

아인슈타인은 이와 같은 자연의 무작위성이 무척 마음에 들지 않았다. 그의 의견은 '신은 주사위 놀이를 하지 않는다'라는 말로 잘 요약되어 있다. 그는 불확정성이 단순히 일시적인 것일 뿐이며 그 아래에는 실체가 깔려 있다고 믿었던 것 같다. 실체에서는 입자들의 위치와 속도가 잘 정의되어 있으며, 라플라스의 결정론적 법칙에 따라 전개되어 나갈 것이라고 생각했다. 이 실체를 아마도 신은 알고 있겠지만, 우리는 빛의 양자적 특성 때문에 뿌연 유리를 통해서 들여다보는 것처럼 뿌옇게만 볼 수 있다는 것이다.

아인슈타인의 이런 생각은 현재는 '숨은 변수 이론(hidden variable theory)'이라고 알려져 있다. 숨은 변수 이론은 불확정성 원리를 물리학에 포함시키는 가장 확실한 방법인 것 같았다. 이 이론은 수많은 과학자들, 그리고 거의 대부분의 과학철학자들이 품고 있는 우주에 대한 이미지의 기초를 형성했다. 그러나 숨은 변수 이론은 옳지 않다. 영국의 물리학자 존 벨은 숨은 변수 이론의 오류를 입증할 수 있는 실험을 고안했다. 실험은 신중하게 진행되었고, 실험 결과는 숨은 변수 이론과 부합하지 않았다. 따라서 신마저도 불확정성 원리

우리는 미래를 예측할 수 있는가?

우주를 지배하는 법칙은 미래에 어떤 일이 일어날지를
정확히 예측하는 것을 허용합니까?

짧게 답하자면, '아니오'인 동시에 '예'입니다. 원칙적으로
그 법칙은 미래를 예측하는 것을 허용합니다. 그러나
현실적으로는 계산이 너무 복잡합니다.

의 구속을 받아 입자의 위치와 속도를 동시에 알지 못하는 것 같다. 모든 증거는 신이 가능한 모든 경우에 주사위를 던지며 상습적으로 도박을 하고 있음을 가리키고 있다.

다른 과학자들은 아인슈타인보다는 더 적극적으로 19세기의 고전적인 결정론적 견해를 수정할 준비가 되어 있었다. 양자역학이라는 새로운 이론은 독일의 하이젠베르크, 오스트리아의 에르빈 슈뢰딩거(1887-1961) 그리고 영국의 폴 디랙(1902-1984)이 제안한 것이었다. 디랙은 나 이전에 케임브리지의 루카스 석좌교수를 역임한 사람이다. 양자역학이 세상에 나온 지 거의 70년 가까이 되어가지만, 아직도 널리 이해되거나 인식되고 있지 않다. 심지어 양자역학을 계산에 활용하는 사람들도 마찬가지이다. 그럼에도 양자역학은 우리 모두와 관련되어 있다.

양자역학은 물리적 우주에 대한 고전적인 그림과는 완전히 다르며, 실체 그 자체와도 다르기 때문이다. 양자역학에서 입자는 잘 정의된 위치와 속도를 가지고 있지 않으며, 그 대신 파동함수(wave function)라는 것으로 표현된다. 파동함수는 공간의 각 점에 매긴 숫자라고 할 수 있다. 파동함수의 크기는 입자가 그 위치에서 발견될 확률을 나타낸다. 파동함수가 한 점에서 다른 점으로 변화하는 비율이 입자의 속도가

우리는 미래를 예측할 수 있는가?

된다. 파동함수가 아주 작은 영역에서 매우 큰 값으로 치솟을 수 있는데, 그것은 위치에 대한 불확정성이 작다는 것을 의미한다. 그러나 이때의 파동함수는 정점을 중심으로 한쪽에서는 기울기가 크게 올라가고 다른 쪽에서는 크게 내려간다. 따라서 속도의 불확정성은 크다. 이와 비슷하게 속도의 불확정성은 작지만, 위치의 불확정성이 큰 파동함수도 있을 수 있을 것이다.

파동함수는 입자의 위치와 속도 모두에 대한 정보를 담고 있다. 만일 어느 한 시점의 파동함수를 알면, 다른 시점의 값은 슈뢰딩거 방정식이라고 하는 방정식에 의해서 결정된다. 그러면 여전히 일종의 결정론이 성립하게 되는 셈인데, 그렇다고 해도 그것은 라플라스가 예상했던 그런 것은 아니다. 입자의 위치와 속도를 예측할 수 있는 것이 아니라 파동함수만 예측할 수 있을 뿐이니까. 이 말은 19세기의 고전적 견해에 따라 알 수 있다고 생각했던 것의 절반밖에 예측할 수 없다는 뜻이다.

위치와 속도를 모두 예측하려고 할 때 양자역학은 불확정성으로 연결되지만, 그래도 위치와 속도의 한 가지 조합만큼은 확신을 가지고 예측하도록 허용한다. 그러나 이 정도 수준의 확실성마저도 최근의 새로운 발전에 의해서 위협받고 있는 것 같다. 문제는 중력이 시공간을 휘게 하여 관측할 수 없는 공간의 영역이 존재할 수 있다는 것에서부터 기인한다.

이 영역은 바로 블랙홀의 내부이다. 다시 말해서 우리는 원칙적으로 블랙홀 내부의 입자를 관측하지 못한다. 그러므로 그런 입자의 위치 또는 속도를 전혀 측정하지 못한다. 그렇다면 이것이 양자역학에서 발견된 것을 넘어 추후의 '예측 불가능성'을 도입할 것인지 하는 문제가 제기된다.

요약하자면, 라플라스가 제안한 고전적 견해에서는 어느 시점의 입자의 위치와 속도를 알면 입자의 미래의 행동이 완벽하게 결정되었다. 이 견해는 입자의 위치와 속도를 둘 다 정확히 알 수 없다는 하이젠베르크의 불확정성 원리가 세상에 나오면서 수정되어야 했다. 그러나 위치와 속도의 조합의 형태로는 여전히 예측할 수 있다. 그러나 블랙홀을 고려하면 어쩌면 이 제한된 예측 가능성마저도 사라질 수도 있다.

우리는 미래를 예측할 수 있는가?

5

블랙홀 안에는 무엇이 존재하는가?

때로는 현실이 소설보다 더 이상할 때가 있다고들 하는데, 블랙홀만큼 이 말이 딱 맞는 경우도 없을 것이다. 블랙홀은 그 어떤 과학소설 작가들의 상상보다도 더 희한하지만, 확고한 과학적 사실로서 존재한다.

블랙홀에 관한 첫 번째 논의는 1783년에 케임브리지의 존 미첼에 의해서 시작되었다. 그의 주장은 이렇다. 어떤 물체를 대포알처럼 수직으로 쏘아 올리면, 물체는 중력에 의해서 속도가 느려지다가 결국 위로 올라가는 것을 멈추고 다시 아래로 떨어진다. 그러나 위쪽으로 쏘아 올리는 최초 속도가 어떤 임계치보다 크면 중력으로는 이 물체를 붙잡을 수 없게 되고, 물체는 지구를 탈출한다. 이 임계 속도를 탈출속도라고 한다. 지구에서의 탈출속도는 겨우 초속 11킬로미터 정도에 불과하고, 태양의 경우에는 초속 617킬로미터이다. 이 두 속도 모두 진짜 대포알의 속도에 비하면 무척 빠른 편이지

블랙홀 안에는 무엇이 존재하는가?

만, 초속 30만 킬로미터인 빛의 속도와 비교하면 턱없이 작은 값이다. 따라서 빛은 큰 어려움 없이 지구나 태양을 빠져나갈 수 있다. 그러나 미첼은 태양보다 훨씬 더 무거운 별이 있다면 탈출속도가 빛의 속도보다 클 수도 있다고 주장했다. 그런 별이 있다면 우리는 그 별을 볼 수 없을 텐데, 별이 내보내는 그 어떤 빛도 중력에 의해서 다시 붙잡혀 끌려 들어가기 때문이다. 따라서 그런 별들은 미첼의 말대로 '검은 별(dark star)'이 될 것이다. 이것을 오늘날 우리는 블랙홀이라고 부른다.

블랙홀을 이해하기 위해서는 중력에서부터 출발해야 한다. 중력은 아인슈타인의 일반상대성이론으로 설명할 수 있다. 일반상대성이론은 중력과 함께 공간과 시간을 다루는 이론이기도 하다. 공간과 시간의 행동은 1915년 아인슈타인이 제안한 아인슈타인 방정식(Einstein equations : 일반상대성이론을 기술하는 열 개의 연립 비선형 편미분 방정식들/역주)의 지배를 받는다. 중력은 알려진 자연의 힘들(전자기력, 강한 핵력, 약한 핵력, 중력/역주) 가운데 가장 약한 힘이기는 하지만, 다른 힘들에 비해 결정적인 두 가지 장점이 있다.

첫째, 중력은 먼 거리에서도 작용한다. 지구는 태양에 붙들려 궤도를 도는데, 지구와 태양 사이의 거리는 1억5,000만

호킹의 빅 퀘스천에 대한 간결한 대답

킬로미터이다. 또 태양은 은하 중심 주위의 궤도를 돌고 있으며 이 거리는 약 1만 광년이나 된다. 두 번째 장점은 당기는 힘과 밀치는 힘이 있는 전기력과는 달리 중력은 항상 당기는 힘만 있다는 것이다.

이 두 가지 특징으로 인해서 크기가 충분히 큰 별의 경우 입자들 사이의 중력이 다른 힘들 모두를 압도하여 붕괴로 이어질 수 있다. 이러한 사실에도 불구하고 과학자들은 무거운 별이 자체 중력으로 붕괴될 수 있음을 깨닫고 붕괴 후 남은 물체의 행동을 예측하기까지 꽤 오랜 시간이 걸렸다. 심지어 알베르트 아인슈타인은 1939년에 발표한 논문에서 별들은 중력에 의해서 붕괴될 수 없으며, 그 이유는 물질이 특정 크기 이하로 수축될 수 없기 때문이라고 주장하기도 했다. 수많은 과학자들이 아인슈타인의 직감에 공감했다.

그러나 미국의 과학자 존 휠러는 예외였는데, 그는 여러 모로 볼 때 블랙홀 이야기의 영웅이라고 할 수 있다. 1950년대와 60년대의 연구에서 휠러는 많은 별들이 궁극적으로 붕괴한다는 사실을 강조했으며 이 사실이 이론물리학에서 제기하는 문제들을 탐색했다. 그는 또한 붕괴한 별의 결과물, 즉 블랙홀의 수많은 특징들을 예견하기도 했다.

별은 생애 중 대부분을 차지하는 수십억 년 이상의 긴 시간 동안 수소를 헬륨으로 바꾸는 핵융합을 일으키며 그 과정에서 발생하는 열 압력에 의해서 자체 중력에 맞서 스스로를 지탱한다. 그러나 결국에는 핵연료가 고갈되고, 별은 수축하게 된다. 경우에 따라서는 별의 핵의 밀도 높은 잔여물인 백색왜성으로 남아 스스로를 지탱하기도 한다. 그러나 1930년 파키스탄 태생의 수브라마니안 찬드라세카르는 백색왜성의 최대 질량이 태양 질량의 약 1.4배임을 보여주었다. 러시아의 물리학자 레프 란다우는 중성자로만 만들어진 별의 최대 질량을 계산하여 이와 비슷한 결과를 얻었다.

그럼 백색왜성이나 중성자별보다 질량이 더 큰 수많은 별들은 핵연료가 고갈되었을 때 어떤 운명을 겪게 될까? 이 문제를 연구한 사람은 나중에 원자폭탄으로 유명해지는 로버트 오펜하이머이다. 1939년에 오펜하이머는 조지 볼코프와 하틀란드 스나이더와 함께 쓴 두 편의 논문에서 그런 별들은 압력에 의해서 지탱될 수 없음을 보여주었다. 그리고 압력을 무시하면 균일한 대칭적 공 모양의 별은 밀도가 무한대인 한 점으로 수축한다. 이런 점을 특이점(singularity)이라고 한다. 공간에 대한 이론들은 모두 시공간이 매끄럽고 거의 평평하다는 가정 위에 세워졌기 때문에, 시공간의 곡률이 무한대인 특이점에서는 모든 이론이 무너진다. 사실 특이점은 시간과 공간 자체의 종말을 뜻한다. 아인슈타인이 대단히 못마땅해했던 부분이 바로 이것이었다.

그러다가 제2차 세계대전이 일어났다. 로버트 오펜하이머를 포함한 대부분의 과학자들은 핵물리학으로 관심을 돌렸고, 중력 붕괴 문제는 사실상 잊혀졌다. 그런데 우주 저 멀리에서 퀘이사(quasar)라고 하는 천체가 발견되면서 이 문제가되살아났다. 최초의 퀘이사 3C273은 1963년에 발견되었고, 다른 수많은 퀘이사들도 뒤따라 곧 발견되었다. 퀘이사는 지구에서 굉장히 멀리 있는데도 불구하고 매우 밝다. 이렇게 퀘이사가 내보내는 에너지는 핵반응만으로는 설명할 수 없었다. 핵반응은 정지질량의 극히 일부만을 순수 에너지 형태로 방출하기 때문이다. 따라서 유일한 설명은 중력 붕괴에의해서 중력 에너지가 방출되었다는 것이었다.

이렇게 해서 별의 중력 붕괴 문제가 재발견되었다. 중력붕괴가 일어나면 물체의 중력이 주위 물질들을 모두 안쪽으로 끌어당긴다. 균일한 공 모양의 별이 밀도가 무한대인 점, 즉 특이점으로 수축하리라는 것은 확실했다. 그런데 만일 별이 균일하지 않고 둥글지 않으면 무슨 일이 일어날까? 별의불균일한 물질 분포가 불균일한 붕괴를 일으켜 특이점을 피할 수 있을까? 로저 펜로즈는 1965년 발표한 중요한 논문에

블랙홀 안에는 무엇이 존재하는가?

서 중력의 끌어당기는 작용만 고려하더라도 특이점이 발생한다는 내용을 증명했다.

특이점에서는 아인슈타인 방정식이 정의될 수 없다. 이 말은 밀도가 무한대인 점에서는 미래를 예측할 수 없다는 뜻이다. 이는 별이 붕괴할 때마다 어떤 기이한 일이 일어날 수 있음을 암시한다. 그러나 특이점이 벌거벗지 않았다면, 다시 말해 특이점이 외부로 노출되어 있지 않는 경우라면, 우리는 이러한 예측 불가능성의 영향을 받지 않게 된다. 이에 관하여 펜로즈는 우주 검열 가설(cosmic censorship conjecture)을 제안했는데, 별 또는 물체의 붕괴에 의해서 형성된 특이점들은 모두 블랙홀 내부에 자리잡고 있어 우리의 시야에서 가려져 있다는 내용이다. 블랙홀은 중력이 매우 강해서 빛도 탈출할 수 없는 영역이기 때문이다. 우주 검열 가설을 반박하려는 수많은 시도들은 모두 실패로 돌아갔고, 따라서 이 가설은 거의 확실하게 진실이라고 할 수 있다.

존 휠러가 1967년 처음으로 도입한 '블랙홀(black hole)'이라는 이름은 '얼어붙은 별(frozen star)'이라는 용어를 대체하게 되었다. 휠러의 신조어는 붕괴된 별의 잔여물이 과거에 어떤 식으로 형성되었든 상관없이 그 자체로 관심의 대상이라는 것을 강조하고 있었다. 새 이름은 곧 인기를 얻게 되었다.

밖에서는 블랙홀 안에 무엇이 있는지 알 수 없다. 그 안에 무엇을 던져넣든, 또는 블랙홀이 어떤 과정으로 만들어졌든, 블랙홀은 항상 똑같아 보인다. 존 휠러는 이 원리를 '블랙홀에는 머리카락이 없다(A black hole has no hair)'는 말로 표현한 것으로 유명하다.

블랙홀에는 경계가 있는데, 이 경계를 사건지평선(event horizon)이라고 한다. 이곳에서는 중력이 매우 강해서 빛조차도 안으로 끌어당겨 밖으로 탈출할 수 없다. 빛보다 빠른 속도로 날아갈 수 있는 것은 없으므로, 다른 모든 것 역시 블랙홀 안으로 빨려 들어간다.

사건지평선으로 떨어지는 것은 카누를 타고 나이아가라 폭포 위를 노 저어 가는 것과 비슷하다. 폭포 위쪽에 있을 때는 노만 충분히 빠르게 젓는다면 탈출할 수도 있다. 그러나 일단 폭포의 낙하지점에 걸쳐지게 되면 승산이 없다. 돌아올 길이 없는 것이다. 폭포의 낙하지점에 가까워질수록 물살은 더욱 빨라지고, 카누의 뒤쪽보다 앞쪽이 더 세게 잡아당겨진다. 그러면 카누가 쪼개질 위험이 있다. 블랙홀에서도 마찬가지이다. 블랙홀에 떨어질 때 발쪽으로 떨어지면 발이 블랙홀에 더 가까이 있으므로 중력이 발을 머리보다 더 세게 잡아당긴다. 그러면 떨어지는 사람은 길이 방향으로 죽 늘어나

블랙홀 안에는 무엇이 존재하는가?

고, 측면으로는 가늘어지게 된다.

질량이 태양 질량의 몇 배 정도 되는 블랙홀에 떨어진다면, 사건지평선에 도달하기도 전에 몸이 찢어져 스파게티처럼 되어버린다. 그러나 태양 질량의 수백만 배 정도 되는 더 크고 무거운 블랙홀 속으로 떨어질 경우, 몸에 가해지는 중력의 크기는 동일하며 별다른 어려움 없이 사건지평선에 도달할 것이다. 그러므로 블랙홀 내부를 탐험하고 싶다면 큰 것을 선택하도록 하자. 우리 은하 중심에는 태양 질량의 약 400만 배 정도 되는 블랙홀도 있다.

블랙홀로 떨어지는 사람은 특별한 것을 눈치채지 못하겠지만, 멀리서 지켜볼 때에는 그 사람이 사건지평선을 넘어가는 것을 결코 볼 수 없다. 그 대신 떨어지는 사람은 점점 속도가 느려져서 밖을 맴도는 것처럼 보일 것이다. 그의 모습은 점점 흐릿해지고, 점점 붉어지다가, 결국에는 시야에서 사라지게 된다. 외부 세상의 관점에서 볼 때 그는 영원히 사라져버린 것이다.

내 딸 루시가 태어나고 나서 얼마 되지 않아, 나는 유레카의 순간을 맞이했다. 면적 정리(the area theorem)를 발견한 것이다. 일반적으로 일반상대성이론이 옳고 물질의 에너지 밀도가 양의 값을 가지는 경우, 외부에서 물질이나 복사가

호킹의 빅 퀘스천에 대한 간결한 대답

블랙홀 안으로 들어갈 때 블랙홀의 경계면인 사건지평선의 넓이는 항상 증가하는 특성을 가진다. 뿐만 아니라 두 블랙홀이 충돌하여 합쳐져서 하나의 블랙홀을 형성하면, 그 결과로 병합된 블랙홀의 사건지평선의 넓이는 원래 블랙홀들의 사건지평선의 넓이의 합보다 더 크다. 이 면적 정리는 레이저 간섭계 중력파 관측소 또는 라이고(LIGO)에서 실험적으로 검증될 수 있다. 2015년 9월 14일, 라이고는 두 블랙홀의 충돌과 병합에서 발생된 중력파를 검출했다. 그 파형으로부터 블랙홀들의 질량과 각운동량을 계산할 수 있고, 이 데이터와 대머리 정리(no-hair theorem)를 이용하여 사건지평선의 넓이가 결정된다.

이 특성들은 블랙홀의 사건지평선의 넓이가 통상적인 고전물리학, 그중에서도 특히 열역학의 엔트로피 개념과 비슷한 점이 있음을 시사한다. 엔트로피는 시스템의 무질서의 척도, 또는 같은 말이지만 시스템의 정확한 상태를 알지 못하는 정도로 간주될 수 있다. 그 유명한 열역학 제2법칙에서는 엔트로피가 시간에 따라 항상 증가한다고 설명한다. 이 같은 발견은 둘 사이의 중요한 연결을 깨닫는 첫 번째 힌트였다.

블랙홀의 성질과 열역학 법칙 사이의 유사성은 확장될 수 있다. 열역학 제1법칙은 어떤 계의 엔트로피에 변화가 있을 때 그 계에서는 그와 비례한 에너지 변화가 뒤따른다는 내용이다. 나는 브랜든 카터, 짐 바딘과 함께 블랙홀의 질량 변화와 사건지평선 넓이의 변화에 관하여 이와 비슷한 법칙을 발견했다. 여기에서 비례하는 양은 표면중력인데, 표면중력은 사건지평선에서의 중력장 세기의 척도이다. 사건지평선의 넓이가 엔트로피와 비슷하다는 점을 받아들인다면, 표면중력은 온도와 비슷하게 보인다. 표면중력은 사건지평선 위의 모든 점에서 동일한데, 열 평형 상태에 있는 물체의 모든 점의 온도도 마찬가지로 동일하다는 사실을 감안하면 이 유사성은 더욱 강력해진다.

이렇게 엔트로피와 사건지평선의 넓이 사이에 뚜렷한 유사성이 존재함에도 불구하고, 이 넓이가 어떻게 블랙홀 자체의 엔트로피로 규정될 수 있는지는 분명하지 않았다. 블랙홀의 엔트로피란 무엇을 의미하는가? 이에 대하여 1972년 프린스턴 대학교의 대학원생이었던 제이콥 베켄슈타인은 중대한 제안을 내놓았다. 그 내용은 이렇다. 중력 붕괴로 인해서 블랙홀이 만들어지면 블랙홀은 재빠르게 정상상태로 돌입하는데, 이때의 블랙홀 상태를 특징지을 수 있는 파라미터가 세 가지 있다. 바로 질량, 각운동량 그리고 전기전하이다.

이 때문에 이 블랙홀이 물질이 붕괴해서 만들어진 것인지 아니면 반물질이 붕괴한 것인지, 또는 구형이었는지 불규칙한 모양이었는지 그런 것들은 전혀 상관없는 것처럼 보인다. 다시 말해서 붕괴하는 물질의 구성에 대한 경우의 수는 여러 가지가 있을 수 있으나 그 결과로 동일한 질량, 각운동량, 전기전하를 가지는 블랙홀이 만들어질 수 있다는 것이다. 따라서 똑같아 보이는 블랙홀들도 사실은 서로 다른 여러 가지 종류의 별들이 붕괴하여 형성되었을 수 있다. 사실 양자 효과를 무시한다면 이러한 구성의 경우의 수는 무한대가 된다. 블랙홀은 무한정의 작은 질량을 가지는 무한정의 많은 입자들의 구름이 붕괴해서 만들어지는 것이기 때문이다. 그러나 이런 구성을 조합하는 경우의 수가 정말로 무한대가 될 수 있을까?

양자역학은 불확정성 원리로 유명하다. 불확정성 원리는 어떤 물체에 대해서도 위치와 속도를 동시에 측정하는 것이 불가능하다는 것이다. 어떤 물체가 정확히 어디에 있는지를 측정하면 그 속도는 확인할 수 없다. 물체의 속도를 측정하면 이번에는 위치가 불확실해진다. 실제로 이 내용은 무엇이든 국소화하는 것이 불가능하다는 의미가 된다. 어떤 물체의 크기를 측정하고 싶다고 하면, 이 움직이는 물체의 끝이 어디인지를 알아내야 한다.

그러나 이 작업은 절대로 정확하게 수행할 수 없다. 이 작업에는 물체의 위치들과 속도를 동시에 측정하는 행위가 포함되어 있기 때문이다. 따라서 물체의 크기를 결정하는 것도 불가능하다. 할 수 있는 것이라고는 불확정성 원리에 따라 어떤 물체의 크기가 정확히 얼마인지 알 수 없다고 말하는 것뿐이다. 불확정성 원리는 물체의 크기에 제약을 둔다. 약간의 계산을 해보면 주어진 질량에 대하여 물체의 최소 크기가 존재한다는 것을 알 수 있다. 이 최소 크기는 무거운 물체에 대해서는 작지만, 물체가 가벼워질수록 점점 더 커지게 된다. 이 최소 크기는 양자역학에서 물체를 파동 또는 입자로 생각한다는 사실의 결과라고 할 수 있다. 물체가 가벼울수록 파장은 더 길어지고 따라서 더 많이 퍼진다. 물체가 무거울수록 파장은 짧아지고 따라서 더 압축되어 있는 것처럼 보이게 된다.

이런 아이디어들을 일반상대성이론과 결합시키면 특정 질량보다 무거운 물체만이 블랙홀을 형성할 수 있다는 의미가 된다. 그 질량이란 대략 소금 한 알갱이의 무게와 비슷하다. 이 아이디어들을 좀더 진행시켜보면 주어진 질량, 각운동량, 전기전하의 블랙홀을 만들 수 있는 구성의 경우의 수는, 비록 굉장히 크기는 하겠지만, 유한하다는 결론이 나온다. 제

호킹의 빅 퀘스천에 대한 간결한 대답

이콥 베켄슈타인은 이 유한한 수로부터 블랙홀의 엔트로피를 해석할 수 있다고 제안했다. 그리고 이 엔트로피는 블랙홀이 만들어지는 붕괴 과정에서 회수가 불가능하도록 손실되는 정보의 양의 척도가 된다.

베켄슈타인의 제안에는 명백하고 치명적인 문제가 있었다. 만일 블랙홀이 사건지평선의 넓이에 비례하는 유한한 값의 엔트로피를 가지고 있다면, 블랙홀의 온도도 0이 아닌 어떤 값이 되어야 하고 그 값은 표면중력에 비례해야 한다. 이 말은 블랙홀이 열복사를 통해서 0이 아닌 어떤 온도로 평형 상태를 이룰 수 있다는 뜻이 된다. 그러나 고전 개념에 따르면 그런 평형 상태는 불가능하다. 블랙홀은 자신에게 떨어지는 열복사는 모두 흡수하지만 정의에 따라 그 어떤 것도 방출할 수 없기 때문이다. 블랙홀은 열이든 무엇이든, 아무것도 방출하지 못한다.

그것은 별의 붕괴로 만들어진, 밀도가 대단히 높은 물체인 블랙홀의 본질 그 자체에 관한 패러독스가 된다. 이 이론에서는 무한히 많은 종류의 별들로부터 동일한 성질을 가지는 블랙홀이 만들어질 수 있다고 말한다. 저 이론에서는 그 종류의 수가 유한할 수 있다고 말한다. 그것은 결국 정보의 문제인데, 우주 안의 모든 입자와 모든 힘이 정보를 포함하고

블랙홀 안에는 무엇이 존재하는가?

우주여행을 하는 사람에게 블랙홀에 떨어진다는 것은
나쁜 소식일까요?

당연히 나쁜 소식입니다. 그 블랙홀이 별 질량의
블랙홀이라면, 사건지평선에 도달하기도 전에 스파게티가
되어버릴 것입니다. 반면 초대질량 블랙홀이라면
사건지평선은 간단히 넘어갈 수 있지만, 특이점에서는
존재도 없이 으스러져버릴 것입니다.

있다는 아이디어에 내포되는 문제이다.

이론물리학자 존 휠러의 말대로 블랙홀은 머리카락이 없기 때문에, 블랙홀 밖에서는 블랙홀 안에 무엇이 들어 있는지 알 수 없다. 블랙홀에 대해서 알 수 있는 것은 오직 질량, 전기전하, 회전뿐이다. 이는 블랙홀 안에 다량의 정보가 들어 있어야 하며 이 정보는 외부 세계로부터 감추어져 있음을 뜻한다. 그러나 한정된 공간 안에 쑤셔넣을 수 있는 정보의 양에는 한계가 있다. 정보는 에너지를 필요로 하고, 에너지는 아인슈타인의 유명한 방정식 $E = mc^2$에 의해서 질량을 가진다. 그러므로 어느 공간 영역 안에 정보가 너무 많으면 그 공간은 붕괴해서 블랙홀이 되며, 블랙홀의 크기는 정보의 양을 반영하게 된다. 그것은 도서관 안에 책을 계속해서 더욱 많이 쟁여넣는 것과 비슷하다. 결국 책꽂이들은 두 손 들게 되고 도서관은 붕괴해서 블랙홀이 된다.

블랙홀 안에 숨은 정보의 양이 블랙홀의 크기와 관계가 있다면, 일반적인 원칙에 따라 블랙홀이 온도를 가지고 있으며 뜨거운 금속조각처럼 빛을 발할 것이라고 기대할 수 있다. 그러나 이런 일은 불가능하다. 누구나 다 알다시피 블랙홀에서는 아무것도 빠져나올 수 없기 때문이다. 또는 다들 그렇게 생각했다.

블랙홀 안에는 무엇이 존재하는가?

이 문제는 1974년 초까지 이어져왔는데, 그때 나는 양자역학을 바탕으로 블랙홀 근처의 물질이 어떤 행동을 하는지를 연구하고 있었다. 그러던 중에 블랙홀이 꾸준한 속도로 입자를 방출하는 것 같다는 놀라운 결과를 발견했다. 당시에는 나도 다른 사람들처럼 블랙홀에서 아무것도 나오지 못한다는 가설을 인정하고 있었다. 따라서 이 당혹스러운 결과를 제거하려고 온갖 노력을 다했다. 그러나 아무리 고민을 하고 갖은 시도를 다 해도 제거되지 않았다. 그래서 결국에는 그 사실을 받아들여야 했다. 마지막으로 블랙홀의 방출이 실제로 일어나는 물리적 과정이라는 확신이 들게 되었던 것은, 블랙홀 밖으로 나오는 입자들이 정확히 열 스펙트럼을 가지고 있다는 사실을 확인했을 때였다. 내가 한 계산에서 블랙홀이 보통의 뜨거운 물체처럼 입자와 복사를 만들고 방출하는 것으로 예측되었으며, 그 온도는 표면중력에 비례하고 질량에 반비례했다. 앞에서 말한 제이콥 베켄슈타인의 제안은 블랙홀이 유한한 엔트로피를 가지고 있다는 내용 때문에 문제가 되었는데, 그 이유는 블랙홀이 0이 아닌 유한한 값의 온도와 열적 평형을 이룰 수 있음을 시사하기 때문이었다. 그런데 내 계산이 베켄슈타인의 제안과 완전히 일치하는 것이었다.

호킹의 빅 퀘스천에 대한 간결한 대답

그 이후로 많은 사람들이 다양한 접근법을 통해서 블랙홀이 열복사를 방출한다는 수학적 증거를 확인했다. 블랙홀의 방출을 이해하는 방법이 하나 있다. 양자역학에 따르면 공간 전체는 가상입자(virtual particle)와 반입자(antiparticle)의 쌍으로 채워져 있으며, 이 입자 쌍들은 꾸준히 물질화되고, 분리되고, 또다시 만나서 서로를 소멸시킨다. 이 입자들을 가상입자라고 부르는 이유는 실재 입자와는 달리 입자 검출기로 직접 관측할 수 없기 때문이다. 그렇지만 가상입자의 간접 효과는 측정할 수 있다. 가상입자의 존재는 램 이동(Lamb shift)이라는 미세한 효과에 의해서 확인되었다. 이 현상은 들뜬 수소원자에서 나오는 빛의 스펙트럼 에너지 준위 안에서 가상입자가 만들어내는 것이다. 다시 블랙홀로 돌아와서, 가상입자와 반입자 쌍 중의 입자 하나가 블랙홀 안으로 떨어지고 이 입자를 만나 소멸되어야 하는 짝꿍 입자는 파트너 없이 남겨지게 되었다고 하자. 이때 버려진 입자, 즉 반입자는 짝꿍을 따라 블랙홀로 뛰어들 수도 있고, 아득히 먼 곳으로 탈출할 수도 있다. 이렇게 탈출하는 반입자가 블랙홀에 의해서 방출된 복사처럼 보이게 된다.

이제 관점을 달리해서 이 과정을 바라보자. 입자 쌍 중에서 블랙홀에 떨어지는 입자를 반입자라고 하면, 그 입자를 시간을 거슬러 움직이는 실재 입자라고 보는 것이다. 그러면 블랙홀로 떨어지는 반입자는 블랙홀에서 빠져나오는 입자인데 다만 시간을 거슬러 움직이는 것이라고 간주할 수 있다. 이 입자가 입자-반입자 쌍이 원래 물질화되었던 시점에 도달하면 중력장에 의해서 산란되고, 그렇게 해서 시간을 따라 움직이게 된다. 질량이 태양과 비슷한 수준인 블랙홀은 입자를 흘리는 속도가 너무 느려서 입자를 검출하는 것이 불가능하다.

그러나 질량이 이를테면 산(山) 정도 되는 아주 작은 미니 블랙홀도 있을 수 있다. 이런 미니 블랙홀은 초기 우주 때 굉장히 혼란스럽고 불규칙한 조건에서 형성되었을 가능성이 있다. 산 크기의 블랙홀은 약 1,000만 메가와트의 비율로 X선과 감마선을 내보낼 수 있다. 이 정도면 전 세계에 전기를 공급하기에 충분한 양이다. 그러나 미니 블랙홀을 실제로 활용하기란 쉬운 일이 아니다. 미니 블랙홀은 발전소에서 가지고 있을 수도 없다. 블랙홀이 바닥을 통과하여 아래로 떨어져 지구 중심까지 곧장 내려갈 것이기 때문이다. 그런 블랙홀을 가질 수 있다면, 가지고 있을 유일한 방법은 지구를 도는 궤도 위에 올려놓는 것뿐이다.

사람들은 이 정도 질량을 가지는 미니 블랙홀을 계속해서

호킹의 빅 퀘스천에 대한 간결한 대답

찾았지만, 지금까지도 발견하지 못했다. 참 딱한 일이 아닐 수 없다. 미니 블랙홀이 발견만 되었으면 내가 노벨상을 받았을 것이기 때문이다. 그러나 한 가지 다른 가능성이 있다. 시공간의 여분 차원(extra dimension) 안에서 마이크로 블랙홀을 만들 수 있을지도 모른다는 것이다.

어떤 이론에 따르면, 우리가 경험하는 우주는 10차원 또는 11차원의 공간 안에 존재하는 4차원 표면에 불과하다. 영화 「인터스텔라(Interstellar)」를 보면 몇 가지 아이디어에 대해서 대충은 감을 잡을 수 있다. 우리가 이 여분 차원을 볼 수 없는 이유는 빛이 여분 차원을 통과하여 전파되지 않고 오직 우리 우주의 4차원만 통과하기 때문이다. 그러나 중력은 여분 차원에 영향을 미칠 것이며, 그 영향력은 우리 우주에서보다 훨씬 더 강력할 것이다. 이 때문에 여분 차원 안에서는 작은 블랙홀을 만들기가 훨씬 더 쉽다.

스위스의 CERN에 있는 LHC, 즉 거대 강입자 충돌기에서 블랙홀을 관측하게 될지도 모른다. 이 충돌기는 둘레가 27킬로미터인 원형 터널로 이루어져 있다. 이 터널에서 두 입자 빔이 서로 반대 방향으로 쏘아져 날아가다가 충돌하게 된다. 이런 충돌 중 일부 경우에서 마이크로 블랙홀이 만들어질 수도 있다. 이런 블랙홀에서는 알아보기 쉬운 패턴으로 입자를

블랙홀 안에는 무엇이 존재하는가?

방출할 것이다. 그렇게 되면 결국 나는 노벨상을 받을 수 있게 될 것이다.*

입자들이 블랙홀에서 계속 탈출하게 되면서 블랙홀은 질량을 잃고 수축하게 된다. 그러면 입자의 방출 비율은 더욱 증가한다. 결과적으로 블랙홀은 모든 질량을 잃고 사라지게 된다. 그럼 블랙홀에 빠졌던 입자들과 운 나쁜 우주비행사들에게는 어떤 일이 일어날까? 블랙홀이 사라져도 그냥 그대로 나타나지는 못한다. 블랙홀에서 나오는 입자들은 들어갔던 입자들과는 아무 관계도 없는 완전히 무작위적인 입자처럼 보일 것이다. 총 질량과 회전 총량을 제외하면 안으로 들어갔던 것들에 관한 정보는 손실되는 것 같다. 그러나 만일 이렇게 정보가 사라지는 것이라면, 이는 우리가 이해하는 과학의 심장을 겨누는 심각한 문제를 일으킨다. 우리는 200년 넘게 과학적 결정론을 믿어왔다―다시 말해서 과학 법칙이 우주의 진화를 결정한다고 믿어왔다.

만일 블랙홀 안에서 정말로 정보가 사라진다면, 우리는 미래를 예측할 수 없게 된다. 블랙홀은 그야말로 무엇이든 방

---

* 노벨상은 사후에는 수여되지 않는다. 그러므로 슬프지만, 이 야망은 결코 실현될 수 없다.

호킹의 빅 퀘스천에 대한 간결한 대답

출할 수 있기 때문이다. 블랙홀에서 멀쩡히 잘 켜지는 텔레비전 세트나 가죽 장정된 셰익스피어 전집이 나올 수도 있다. 물론 이런 기이한 것이 방출될 확률은 대단히 낮겠지만 말이다. 확률로 말하자면 빨갛게 달궈진 금속 조각처럼 열복사를 방출할 확률이 훨씬 더 높다.

블랙홀에서 무엇이 나올지 예측할 수 없다고 해서 크게 문제가 될 것 같지는 않다. 어차피 우리 주위에 블랙홀이 있는 것도 아니지 않은가? 그러나 이것은 원리의 문제이다. 만일 블랙홀에서 결정론이, 우주의 예측 가능성이 무너진다면 다른 상황에서도 얼마든지 무너질 수 있다. 진공의 요동으로서 가상 블랙홀이 나타나서 그 블랙홀이 입자들을 흡수했다가 엉뚱한 것을 방출하고 다시 진공 속으로 사라질 수도 있다. 더 최악인 것은, 만일 결정론이 무너진다면 과거의 역사도 확신할 수 없게 되리라는 것이다. 역사책의 내용과 우리의 기억 모두가 그저 환상에 불과할 수도 있다. 우리가 누구인지를 알려주는 것은 우리의 과거이다. 그것이 없으면 우리는 정체성을 잃게 된다.

따라서 정말로 블랙홀 안에서 정보가 사라지는지, 아니면 원칙적으로 복원이 될 수 있는지를 결정하는 것은 매우 중요했다. 수많은 과학자들이 정보가 사라질 수 없다고 생각했지

블랙홀 안에는 무엇이 존재하는가?

만, 그 이후로 한동안 정보가 보존될 수 있는 메커니즘을 제안한 사람은 아무도 없었다. 이러한 정보 손실 문제를 정보모순(information paradox)이라고 한다. 이 패러독스는 지난 40년간 과학자들을 괴롭혀왔고, 지금도 이론물리학에서 풀리지 않은 가장 거대한 문제들 중 하나로 남아 있다.

최근에 중력과 양자역학의 통합과 관련하여 새로운 내용들이 발견되면서 정보모순의 해결책에 대한 관심도 다시 살아났다. 이러한 최신 돌파구의 핵심에는 시공간의 대칭에 대한 이해가 자리잡고 있다.

중력이 전혀 없고 시공간은 완전히 평면인 상황을 상상해보자. 아무런 특색도 없는 사막을 떠올리면 비슷할 것이다. 이런 곳에는 두 가지 종류의 대칭이 있다. 첫 번째는 평행이동 대칭(translation symmetry)이다. 평평한 사막의 한 점에서 다른 점으로 이동하면 어떠한 변화도 알아챌 수 없다. 두 번째는 회전대칭(rotation symmetry)이다. 사막의 어느 한 곳에 서서 그 자리에서 돌기 시작하면 이때에도 역시 어떠한 차이점도 알아챌 수 없을 것이다. 이 두 대칭은 물질이 전혀 없는 '평평한' 시공간에서도 찾아볼 수 있다.

이 사막에 무엇인가를 가져다놓으면 이 두 대칭들은 깨질 것이다. 사막에 산이 하나 있고 오아시스와 선인장이 좀 있

다고 가정해보자. 그러면 위치와 방향이 바뀔 때 보이는 풍
경도 달라질 것이다. 시공간에서도 마찬가지이다. 시공간에
물체들을 가져다놓으면, 평행이동 대칭과 회전대칭이 깨진
다. 그리고 물체를 시공간에 가져다놓음으로써 중력이 발생
한다.

블랙홀은 시공간의 한 영역으로 중력이 매우 강한 곳이며,
이 강한 중력 때문에 시공간이 심하게 뒤틀어져 대칭이 깨질
것으로 예측할 수 있다. 그러나 블랙홀로부터 멀어지면 시공
간의 곡률은 점차 작아진다. 블랙홀로부터 아주 먼 곳의 시
공간은 평평한 시공간과 매우 흡사하다.

1960년대로 돌아가서, 헤르만 본디, A.W. 케네스 메츠너,
M. G. J 반 데어 부르크 그리고 라이너 작스는 물질로부터 멀
리 있는 시공간은 초전환(supertranslation)이라고 하는 대칭
의 무한 집합을 가진다는 실로 놀랄 만한 발견을 했다. 이들
대칭 각각은 초전환 전하(supertranslation charge)라고 하는
보존량과 결합되어 있다. 보존량이란 시스템의 변화에 대해
서 변화하지 않는 양을 말한다. 우리에게 좀더 익숙한 보존
량들은 이런 것들이다. 예를 들면 시공간이 시간에 대해서
변하지 않으면 에너지가 보존된다. 공간의 여러 점에서 시공
간이 똑같아 보인다면 운동량이 보존된다.

블랙홀 안에는 무엇이 존재하는가?

이 초전환 발견에서 주목해야 할 사실은 블랙홀로부터 멀리 떨어진 곳에서 보존량의 개수가 무한히 많다는 것이었다. 중력의 물리학이 발전하는 과정에서 특별하고 예상치 못한 통찰을 가져다준 것은 언제나 이런 보존 법칙들이다.

2016년에 나는 동료인 맬컴 페리와 앤드루 스트로민저와 함께 이 보존량들에 대한 새로운 결과들을 가지고 정보모순의 해결책을 찾으려는 연구를 하고 있었다. 블랙홀을 식별할 수 있는 세 가지 성질이 질량, 전기전하, 각운동량이라는 것은 이미 알고 있다. 이것들은 우리가 오랫동안 이해해온 고전적인 전하들이다. 그러나 블랙홀은 초전환 전하도 실어나른다. 따라서 어쩌면 블랙홀은 처음에 생각했던 것보다 더 많은 전하를 가지고 있을지도 모른다. 블랙홀은 대머리이거나 머리카락이 세 가닥밖에 없는 것이 아니고, 실은 아주 풍성한 초전환 머리카락을 가지고 있는 것이다.

이 초전환 머리카락이 블랙홀 안에 있는 것에 관한 정보의 일부를 암호화하고 있을지도 모른다. 초전환 전하들이 정보를 모두 다 포함하고 있을 것 같지는 않지만, 나머지는 추가적인 보존량, 즉 초회전 전하(superrotation charge)에 의해서 설명될 수도 있다. 이 초회전 전하는 초회전이라고 하는 추가적인 대칭과 결합되어 있는데, 여기에 대해서는 아직은 잘 이해하지 못하고 있다. 만일 이 내용이 맞는다면, 그리고 블랙홀에 관한 모든 정보가 '머리카락'의 언어로서 이해될 수 있다면, 아마도 정보의 손실은 없을지도 모른다. 이 아이디어들은 우리가 최근에 수행한 계산 결과로 확인되었다. 나와 스트로민저, 페리는 대학원생인 사샤 하코와 함께 이 초회전 전하가 블랙홀의 엔트로피 전체를 설명할 수 있다는 것을 발견했다. 양자역학은 계속 성립되고, 정보는 블랙홀의 표면인 사건지평선 위에 저장된다.

블랙홀은 여전히 사건지평선 바깥에서의 전체 질량, 전기 전하, 그리고 스핀에 의해서 특징지을 수 있지만, 블랙홀 안에 무엇이 들어갔는지 알기 위해서 필요한 정보들은 사건지평선 자체에 포함되어 있으며, 그 내용은 블랙홀이 가지고 있는 세 가지 특징들을 뛰어넘는 것이다. 사람들은 여전히 이 문제를 연구하고 있고, 정보모순은 아직 미해결 상태이다. 그러나 나는 우리가 해답을 향해 나아가고 있다고 낙관한다. 우주를 계속 지켜보자.

블랙홀 안에는 무엇이 존재하는가?

6
시간여행은 가능한가?

과학소설에서는 시공간의 휨이 자주 등장한다. 시공간의 휨은 고속 은하 여행이나 시간여행에 사용된다. 그러나 오늘날의 과학소설이 내일의 과학적 사실이 되는 일은 종종 있다. 그렇다면 시간여행이 가능할 확률은 얼마나 될까?

공간과 시간이 휘어져 있다는 아이디어는 상당히 최근에 나온 것이다. 과거 2,000년이 넘는 세월 동안 유클리드 기하학의 공리는 자명한 것으로 여겨졌다. 학교에서 억지로 기하학을 배웠던 독자라면 기억할 텐데, 이 공리들의 결론 중 하나는 삼각형의 내각의 합이 180도라는 것이다.

그러나 지난 20세기에 사람들은 삼각형 내각의 합이 꼭 180도일 필요가 없는 다른 형태의 기하학이 있을 수 있음을 깨달았다. 지구 표면을 예로 들어보자. 지구 표면 위에서 직선에 가장 가까운 것은 소위 말하는 대원(great circle : 구의 중심을 지나는 평면으로 자를 때 생기는 원 또는 그 둘레/역주)이다. 이제 지구 표면 위에서 적도, 런던을 지나는 경위 0도 선, 그리고 방글라데시를 지나는 동경 90도 선을 잇는 삼각형을 생각해보자. 두 경도의 선은 각각 적도와 서로 90도 각도로 만난다. 그리고 북극에서 이 두 선이 서로 90도 각도로 만난다. 따라서 이 삼각형의 세 내각은 90도이다. 그러면 삼각형의 내각의 합은 270도가 되고, 평면 위에 놓인 삼각형 내각의 합 180도보다 크다. 만일 말안장 모양의 표면에 삼각형을 그리면 그 삼각형의 내각의 합은 180도보다 작다는 것을 알게 될 것이다.

지구 표면은 소위 말하는 2차원 공간이며, 서로 직각인 두 방향, 다시 말해 남북 방향 또는 동서 방향으로 지구 표면 위를 움직일 수 있다. 그리고 이 두 방향과 직각을 이루는 세 번째 방향, 즉 위아래 방향이 있다. 요약하면 지구 표면은 3차원 공간 안에 존재한다고 할 수 있다. 3차원 공간은 평평하다. 다시 말해 이 공간은 유클리드 기하학을 따른다. 이 안에서 삼각형의 내각의 합은 180도이다. 그런데 지구 표면 위에서만 움직일 수 있고 세 번째 방향인 위아래는 경험할 수 없는 2차원 생명체를 상상해보자. 이런 생명체들은 자신들이 사는 지구 표면의 3차원 공간에 대해서 알지 못할 것이다. 그들에게 공간은 휘어져 있고 그들의 기하학은 비(非)유클리드

호킹의 빅 퀘스천에 대한 간결한 대답

기하학일 것이다.

　지구 표면에 사는 2차원 생명체를 상상하는 것처럼, 우리가 사는 3차원 공간도 우리가 보지 못하는 다른 차원 안에 있는 구의 표면이라고 상상해볼 수 있다. 이 구가 굉장히 큰 구라면, 공간이 거의 평평해서 좁은 영역 안에서는 유클리드 기하학이 매우 좋은 근사(近似)가 될 수 있다. 그러나 넓은 영역에서는 유클리드 기하학이 무너진다는 사실을 곧 깨닫게 될 것이다. 이 상상을 구체적으로 그려보기 위해서 거대한 공 표면에 페인트를 칠하는 페인트공들을 상상해보자.

　칠하는 페인트 층의 두께가 증가할수록 표면적은 점점 증가한다. 공이 평평한 3차원 공간 안에 존재한다면, 페인트를 무한히 덧칠할 수 있을 것이고 공은 점점 더 커질 것이다. 그러나 이 3차원 공간이 어떤 다른 차원의 구의 표면이라면 공의 부피는 크지만 유한할 것이다. 페인트공들이 페인트를 덧칠할수록 공은 결국 공간의 절반을 채울 것이다. 이후 페인트공들은 자신들이 점점 더 좁아지는 공간 안에 갇혔고, 공간의 거의 전체를 공과 페인트 층이 점유했음을 깨닫게 될 것이다. 그렇게 해서 그들은 평면이 아닌 휘어진 공간 안에 살고 있음을 깨닫게 된다.

　이 예제는 고대 그리스인들이 생각했던 것처럼 기본 원칙들을 바탕으로 이 세상의 기하학을 추론할 수 없음을 보여준다. 우리는 우리가 사는 공간을 측정하고 경험을 통해서 거기에 맞는 기하학을 찾아야 한다. 그러나 1854년에 독일의 수학자 베른하르트 리만(1826–1866)이 휘어진 공간을 설명하는 방법을 개발했음에도 불구하고, 그의 이론은 그후 60년 동안 수학의 일부로만 남아 있었다. 추상적으로 존재하는 휘어진 공간을 설명할 수는 있었지만, 우리가 사는 물리적 공간이 휘어져야 할 이유는 없는 것 같았다. 그러나 1915년에 아인슈타인이 일반상대성이론을 발표하면서 공간이 휘어져야 하는 이유가 드러났다.

일반상대성이론은 우주를 생각하는 방식을 완전히 뒤바꿔 놓은 거대한 지적 혁명이었다. 이 이론은 휘어진 공간뿐만 아니라 휘어진 시간에 대한 이론이기도 하다. 특수상대성이론을 발표했던 1905년, 아인슈타인은 공간과 시간이 서로 관련이 있을 뿐 아니라 밀접하게 연결되어 있다는 사실을 깨달았다. 하나의 사건이 발생할 때 사건의 위치는 숫자 네 개로 설명할 수 있다. 세 개의 숫자는 사건의 공간적 위치를 설명한다. 이를테면 옥스퍼드 광장에서 북쪽으로 몇 마일, 동쪽으로 몇 마일, 해발고도 몇 미터 하는 식으로 설명할 수 있다. 규모가 좀더 커지면 은위(銀緯, galactic latitude)와 은경(銀經,

호킹의 빅 퀘스천에 대한 간결한 대답

galactic longitude) 그리고 은하 중심을 기준으로 한 거리로 설명할 수 있다.

네 번째 숫자는 사건이 일어난 시간이다. 따라서 공간과 시간을 아울러 '시공간(space-time)'이라고 하는 4차원의 개체로 생각할 수 있다. 시공간의 각 점은 공간 안에서의 위치와 시간을 규정하는 숫자 네 개로 정의할 수 있다. 이렇게 고유한 방식으로 분리할 수 있다면, 다시 말해 각각의 사건의 시간과 위치를 정의할 수 있는 고유의 방법이 있다면, 공간과 시간을 이런 식으로 시공간으로 결합시키는 것이 별 것이 아닌 일일 수도 있다. 그러나 스위스 특허 사무소의 직원으로 일하면서 1905년에 발표한 그 놀라운 논문("운동하는 물체의 전기역학에 대해서")에서, 아인슈타인은 사건이 일어났다고 생각되는 시간과 위치가 관찰자가 움직이는 방식에 의존적이라는 사실을 보여주었다. 즉 시간과 공간이 불가분하게 서로 얽혀 있다는 뜻이다.

여러 관찰자들이 서로에 대하여 상대적으로 움직이지 않고 관찰한다면 사건에 부여되는 시간은 일치한다. 그러나 관찰자들의 상대적인 속도차가 커질수록 이 시간들은 서로 일치하지 않게 된다. 그렇다면 한 관찰자의 시간이 다른 관찰자의 시간에 대해서 뒤로 거슬러 가게 하려면 그는 얼마나 빨리 움직여야 할까? 그 답은 다음의 5행시에서 확인할 수 있다.

젊은 유령 여인이 있었지

빛보다 훨씬 더 빠르게 다니는 여인이었네

어느 날 그녀는 길을 떠났어

상대적인 방법으로

그리고 그 전날 도착했다네.

그러므로 시간여행을 하기 위해서 필요한 것은 빛보다 빨리 가는 우주선뿐이다. 불행히도 같은 논문에서 아인슈타인은 우주선이 빛의 속도에 근접할수록 우주선을 가속시키는 데에 필요한 추진력이 어마어마하게 커진다는 것을 보여주었다. 따라서 빛의 속도보다 빠르게 가속하려면 무한대의 힘이 들게 된다.

아인슈타인의 1905년 논문은 과거로의 시간여행의 가능성을 완전히 제거하는 것 같았다. 뿐만 아니라 다른 별로의 우주여행이 대단히 느리고 지루한 일이 될 것임을 시사하고 있다. 빛보다 빠르게 날아갈 수 없다면, 여기에서 가장 가까운 별까지의 왕복 여행은 최소 8년, 은하 중심까지의 왕복 여행은 약 5만 년이 걸린다. 빛의 속도에 매우 근접한 우주선으로 은하 중심까지 간다고 하면, 우주선에 탑승한 사람들에게는 몇 년 정도밖에 걸리지 않을 것이다. 그렇다고 해서 크게 기뻐할 일은 아니다. 지구로 돌아오면 그들이 알던 사람들은 이미 오래 전에 모두 죽었고 그들은 수천 년 전에 잊혀졌다는 사실을 알게 될 테니 말이다. 이런 이야기는 과학소설을 위해서도 썩 좋은 내용은 아니므로, 작가들은 이 난제를 회피할 수 있는 방법을 찾아야 한다.

1915년에 아인슈타인은 시공간이 그 안에 든 물질과 에너지에 의해서 휘어지거나 뒤틀어져 있다고 가정함으로써 중력 효과를 설명할 수 있음을 밝혔다. 이 이론을 일반상대성이론이라고 한다. 실제로 태양 가까이 스쳐 오는 빛이나 전파가 아주 살짝 휘는 현상을 통해서 태양의 질량에 의한 시공간의 휨을 관찰할 수 있다.

지구와 별 또는 전파원 사이에 태양이 있으면, 시공간의 휨 때문에 별 또는 전파원의 위치가 살짝 옮겨 가는 것처럼 보인다. 이 차이는 약 1,000분의 1도 정도로 매우 작은 값인데, 이 정도라면 1킬로미터 거리에서 1센티미터 정도가 틀어지는 것과 같은 수준이다. 그럼에도 이 차이는 높은 정확도로 측정할 수 있으며, 일반상대성이론의 예측과 일치하는 결

시간여행은 가능한가?

과를 얻을 수 있다. 이렇게 해서 우리는 공간과 시간이 휘어져 있다는 실험적 증거를 가지게 되었다.

우리 주위에서 볼 수 있는 휨의 크기는 매우 작다. 태양계 안의 중력장 전체의 세기가 매우 약하기 때문이다. 그러나 빅뱅 때에는 블랙홀 안에서는 아주 강력한 장(場)들이 일어날 수 있다는 것을 알고 있다. 그렇다면 공간과 시간이 과학 소설 속 초공간 여행, 웜홀, 또는 시간여행 같은 것들을 가능하게 할 만큼 충분히 휘어질 수 있을까? 얼핏 보기에는 모두 가능할 것 같다. 예를 들면 1948년에 쿠르트 괴델은 우주 안의 모든 물질이 회전한다는 가정 하에서 아인슈타인의 일반 상대성이론 장 방정식의 풀이[解]를 찾았다. 이 우주에서는 우주선을 타고 출발하여 떠나기 전으로 돌아오는 것이 가능하다. 괴델은 아인슈타인이 말년을 보냈던 프린스턴 고등연구소에서 연구하고 있었다. 그는 참인 모든 것, 심지어 누가 봐도 뻔한 연산 문제 같은 것마저도 참이라고 증명할 수 없음을 증명한 것으로 더 유명하다. 그러나 그가 증명한 시간 여행을 가능하게 하는 일반상대성이론 때문에 아인슈타인은 대단히 격분했다. 아인슈타인은 그것이 불가능하다고 생각하고 있었기 때문이었다.

오늘날 우리는 괴델의 풀이가 우리가 살고 있는 우주를 대표하지 못한다는 것을 알고 있다. 이 풀이는 확장되지 않기 때문이다. 그리고 이 풀이를 구할 때 우주상수의 값이 상당히 컸는데, 이 값은 실제로는 아주 작다고 생각되고 있다. 그러나 그 이후에 시간여행을 허용하는 더욱 합리적인 풀이들도 발견되었다. 끈 이론(string theory)이라고 하는 접근법에서 나온 풀이는 특히 흥미롭다. 이 풀이는 빛의 속도에 매우 가깝지만 약간 느린 속도로 서로를 스쳐 지나가는 두 개의 우주 끈(cosmic string)을 포함하고 있다. 우주 끈은 이론물리학에서는 굉장히 놀라운 아이디어인데, 과학소설 작가들이 이 이론을 제대로 이해한 것 같지는 않다. 그 이름이 암시하는 것처럼 우주 끈은 끈처럼 길이는 있지만 단면적은 아주 작다. 사실 우주 끈은 엄청난 장력(張力, tension), 그러니까 수십억, 수백억 톤이 넘는 장력을 받고 있다는 점에서 고무줄과 비슷한 면이 있다. 태양에 붙어 있는 우주 끈은 30분의 1초 만에 0에서 시속 60마일까지 가속될 수 있다.

우주 끈 이야기가 터무니없는 과학소설처럼 들리겠지만, 빅뱅 후 초기 우주에서 우주 끈이 형성되었다고 믿을 만한 타당한 과학적 근거가 있다. 우주 끈은 어마어마하게 큰 장력이 걸려 있기 때문에 거의 빛의 속도까지 가속시킬 수 있다고 예상된다.

괴델의 우주 그리고 빠르게 움직이는 우주 끈의 시공간이 공통으로 가지고 있는 특징은 이 두 우주가 모두 심하게 뒤틀어지고 휘어진 채 시작했으며, 시공간 곡선이 다시 자기 자신에게 휘어져 들어와 과거로의 시간여행이 언제나 가능했다는 것이다. 신께서 이런 휘어진 우주를 창조하셨을 수는 있겠지만, 우리로서는 그분이 정말로 그렇게 했다고 생각할 아무런 이유가 없다. 우리 손에 있는 모든 증거들은 빅뱅 때 우주가 이런 식의 과거로의 시간여행을 허용하는 휘어짐이 없이 시작되었음을 가리키고 있다. 우리는 우주가 시작된 방식을 바꿀 수 없으므로, 시간여행이 가능한가 하는 문제는 결국 과거로 갈 수 있도록 시공간을 휘어지게 할 수 있는가 하는 문제로 귀결된다.

나는 이것이 꽤 중요한 연구 과제라고 생각하지만, 이런 주제를 연구할 때는 괴짜라는 꼬리표를 달지 않도록 조심해야 한다. 연구비를 신청할 때 시간여행을 연구한다고 신청서를 제출했다간 즉시 거절당할 것이다. 시간여행 같은 데에 공적 자금을 쓰는 모습을 납세자에게 보여줄 만큼 배짱 있는 정부 기관은 이 세상 어디에도 없다. 이럴 때에는 전문 용어를 사용하는 것이 좋다. 이를테면 '닫힌 시간꼴 곡선(closed time-like curve)' 같은 용어를 써야 하는데, 사실은 이것이 시간여

호킹의 빅 퀘스천에 대한 간결한 대답

행에 대한 암호이다. 아무튼 이것은 대단히 심각한 문제이다. 일반상대성이론이 시간여행을 허용할 수 있다면, 우리 우주에서도 허용될 수 있을까? 그리고 만일 허용되지 않는다면, 왜 되지 않는가?

공간 안의 한 점에서 다른 점으로 매우 빠르게 이동하는 능력은 시간여행과 밀접한 관련이 있다. 앞에서 말했듯이 아인슈타인은 우주선이 빛의 속도보다 가속되려면 무한대의 추진력이 필요함을 보여주었다. 따라서 합리적인 시간 안에 은하의 한쪽 끝에서 다른 쪽 끝으로 이동할 유일한 방법은 아마도 시공간을 많이 휘어지게 하여 작은 관 즉 웜홀을 만드는 것뿐인 것 같다.

웜홀은 은하의 양끝을 연결하여 한쪽 끝에서 다른 쪽 끝으로 가는 지름길처럼 활용할 수 있고, 친구들이 아직 살아 있을 때 다시 집으로 돌아올 수 있게 해줄 것이다. 이런 웜홀은 미래 문명에서는 실현 가능할 것으로 진지하게 제안되어왔다. 그러나 만일 은하의 한쪽 끝에서 다른 쪽 끝으로 1, 2주일 안에 여행할 수 있다고 하면, 여행자는 다른 웜홀을 통해서 출발하기 전으로 돌아올 수도 있다. 심지어 웜홀의 양끝이 서로 상대적으로 움직이고 있다면 웜홀 하나로 시간을 거슬러 과거로 여행하는 것도 가능하다.

웜홀을 만들기 위해서는 시공간을 휘어지게 해야 하는데, 물질이 휘어지게 하는 것과는 반대 방향으로 휘어지게 해야 한다. 일반적인 물질은 시공간이 그 자신과 만나 공 모양처럼 되도록 뒤로 휘어지게 한다. 그러나 웜홀을 만들려면 물질이 시공간을 반대 방향으로, 그러니까 말안장 표면 같은 모양으로 휘어지게 해야 한다. 과거로의 여행을 허용하는 다른 시공간의 휘어지는 방법들도 우주가 시간여행이 가능하도록 휘어진 채 시작되지 않았다면 모두 같은 방식이어야 한다. 필요한 것은 음의 질량과 음의 에너지 밀도를 가진 물질을 이용하여 필요한 모양으로 시공간을 휘어지게 하는 것이다.

에너지는 돈과 비슷한 점이 있다. 은행 계좌에 돈이 있으면 여러 가지 다양한 방식으로 분배할 수 있다. 그러나 아주 최근까지 믿어왔던 고전 법칙에 따르면, 마이너스 통장을 만드는 것은 허락되지 않았다. 따라서 이런 고전 법칙들은 시간여행이 가능하도록 우주를 휘어지게 하는 가능성은 배제했다. 그러나 고전 법칙은 이제 양자이론에게 자리를 물려주었다. 양자이론은 일반상대성이론과는 별개로 우리가 이해하는 우주에 대한 또다른 위대한 혁명이었다. 이 양자이론은 훨씬 더 유연해서 은행이 수용할 수 있는 한도 내에서는 마이너스 계좌 한두 개 정도는 허용하고 있다. 다시 말해서 양자이론은 한 곳에서 에너지 밀도가 양이면 다른 곳에서는 음의 에너지 밀도도 허용한다.

양자이론이 음의 에너지 밀도를 허용할 수 있는 이유는 양자이론의 바탕에 불확정성 원리가 있기 때문이다. 불확정성 원리는 어떤 양, 예를 들면 입자의 위치와 속도 같은 양들은 둘 다 동시에 잘 정의된 값을 가질 수 없다는 내용이다. 입자의 위치를 좀더 정확하게 정의하면 속도의 불확정성이 커지고, 그 반대로 속도가 정확해지면 위치가 부정확해진다. 불확정성 원리는 전자기장이나 중력장 같은 장(場)에도 적용된다. 이 원리에 따르면 이런 장들은 빈 공간처럼 보이는 곳에서도 정확히 0이 될 수 없다. 장의 값이 정확히 0이라면 0으로 잘 정의된 위치와 동시에 0으로 잘 정의된 속도를 가지게 되기 때문이다. 이것은 명백한 불확정성 원리의 위반이다. 따라서 장은 최소 양만큼의 구체적인 요동을 가져야 한다. 이런 진공요동(vacuum fluctuation)은 입자와 반입자 쌍이 갑자기 함께 나타났다가, 서로 분리되었다가 다시 만나 소멸되는 현상으로 해석할 수 있다.

이런 입자-반입자 쌍을 가상입자라고 부르는 이유는 입자 검출기로 직접 측정할 수 없기 때문이다. 그러나 그 효과는 간접적으로 관측할 수 있다. 관측할 수 있는 효과 중의 하나가 카시미르 효과(Casimir effect)이다. 금속판 두 개를 아주 가까이에 나란히 놓았다고 상상해보자. 이 금속판은 가상입자와 반입자들에게는 거울처럼 작용한다. 이 말은 금속판 사이의 공간이 오르간 파이프의 관처럼 특정한 공진 진동수를 가지는 빛 파동만을 받아들인다는 뜻이다. 그 결과 두 금속판 안쪽에서 일어나는 진공요동 또는 가상입자들의 숫자는 바깥쪽의 숫자와 약간 달라지게 된다. 금속판 바깥쪽에서는 진공요동이 임의의 파장을 가질 수 있기 때문이다. 금속판 안쪽과 바깥에서의 가상입자의 수를 비교했을 때 차이가 난다는 것은 결국 입자들이 금속판의 안쪽 면을 미는 압력이 바깥쪽 면을 미는 압력보다 작다는 뜻이다. 따라서 두 금속판은 서로 더 가까워지고, 이 힘은 실험적으로 측정되었다. 가상입자들은 실제로 존재하며 실제 효과를 만들고 있다.

금속판 사이에서는 가상입자나 진공요동이 더 적으므로, 다른 곳보다 에너지 밀도가 더 낮다고 할 수 있다. 그러나 금속판으로부터 아주 멀리 있는 빈 공간의 에너지 밀도는 0이어야 한다. 그렇지 않으면 시공간이 휘어지고 우주는 평평할 수가 없다. 따라서 금속판 사이 공간의 에너지 밀도는 음의 값을 가져야 한다.

이제 우리는 빛의 휘어짐을 관측함으로써 시공간이 휘어

져 있다는 실험적 증거를 확보했고, 카시미르 효과로부터 시공간을 음의 방향으로 휘어지게 할 수 있음을 확인했다. 그러므로 과학 기술이 충분히 발전하면 웜홀을 만들거나 공간과 시간을 다른 모양으로 휘어지게 하여 과거로 여행을 갈 수 있을 것 같기도 하다. 그것이 가능해진다면 어마어마하게 많은 의문과 문제들이 생길 텐데, 그중 하나는 이런 것이다. 만일 미래에 시간여행이 가능해진다면, 왜 미래에서 와서 자신들이 어떻게 그런 일을 했는지 우리에게 말해주는 사람이 아직도 없단 말인가?

그들이 우리를 무식한 채로 놔두는 데에는 타당한 이유가 있겠지만, 그들도 인간의 본성을 가지고 있는 이상 당장 과거로 날아와서 가엾고 무지몽매한 무지렁이들인 우리에게 시간여행의 비밀을 자랑스럽게 떠벌리지 않는다는 것은 좀 믿기 어렵다. 물론 이미 미래에서 손님들이 왔다고 주장하는 사람들도 있다. 그런 사람들은 UFO가 미래에서 왔으며 정부는 거대한 음모를 꾸미며 이 사실을 감추고 미래의 방문자들이 가져온 과학적 지식을 일반인들에게 숨기고 있다고 말한다. 나로서는 만일 정부가 무엇인가를 숨기고 있다면, 외계인들로부터 유용한 정보를 빼내는 데에 서툴러서 그런 것이라고 말할 수밖에 없다.

나는 음모론에 대해서는 상당히 회의적이며, 차라리 실수설 쪽이 더 가능성 있다고 생각한다. UFO를 목격했다는 보고는 상호 모순되는 내용이 많기 때문에 모두 다 외계 생명체에 의한 것일 수는 없다. 그러나 그중 일부가 착각이었거나 환각이었음을 인정한다면, 미래 인간이 또는 은하 반대쪽 끝에 사는 사람이 우리를 방문했다는 것보다 그런 착각이나 환각이 훨씬 더 설득력이 있다는 것이 더욱 앞뒤가 맞지 않을까? 만일 그들이 진심으로 지구를 식민지로 삼고 싶다거나 우리에게 위험을 경고하고 싶어하는 것이라면, 그들의 행동은 다소 비효율적이다.

아직 미래에서 온 방문자가 없다는 사실과 시간여행의 실현 가능성을 조화시킬 방법 중 하나는 시간여행이 오로지 미래에서만 일어날 수 있다고 하는 것이다. 이 가설에서 우리의 과거의 시공간은 우리가 이미 관측했고 과거로의 여행을 허용할 만큼 충분히 휘어져 있지 않다는 것을 확인했으므로 고정되어 있다고 말한다. 반면 미래는 열려 있다. 따라서 미래에는 시간여행이 가능할 정도로 시공간을 휘어지게 할 수 있을지도 모른다. 그러나 오직 미래에서만 시공간을 휘게 할 수 있으므로 현재나 그보다 더 이전으로 거슬러가는 여행을 할 수는 없을 것이다.

호킹의 빅 퀘스천에 대한 간결한 대답

이 아이디어라면 왜 지금 이곳이 미래에서 온 관광객들로 넘쳐나지 않는지 설명할 수 있다. 그러나 이 역시도 수많은 패러독스를 낳는다. 로켓을 출발시켜 출발 이전으로 돌아가는 것이 가능하다고 가정해보자. 그렇다면 그 발사대 위에 서 있는 로켓을 폭파나 다른 방법으로 부수어서 출발 자체를 막으면 어떻게 될까? 이 패러독스는 여러 가지 버전이 있는데, 예를 들면 과거로 돌아간 시간여행자가 자신이 태어나기 전에 부모님을 죽이는 내용도 있다. 그러나 근본적으로는 모두 같은 얘기이다. 이 패러독스에는 두 가지 가능한 해결책이 있는 것 같다.

하나는 내가 일관된 역사 접근법(consistent-histories approach)이라고 부르는 것이다. 이 가설에서는 시공간이 휘어져 있어 시간여행이 가능하더라도 물리학 방정식들이 일관된 풀이를 가져야 한다고 말한다. 다시 말해 이미 돌아와서 발사대에 서 있는 로켓을 폭파시키는 데에 실패하지 않았다면, 아예 출발 자체를 못 했을 것이라는 얘기이다. 일관된 이야기이지만, 한편으로는 모든 것이 완전히 결정되어 있었다는 것을 시사하기도 한다. 그러니까 우리는 아무리 자유의지를 가지고 있더라도 우리 마음을 바꿀 수 없다.

다른 가능성도 있다. 나는 이 가설을 대안 역사 접근법

시간여행자를 위한 파티를 여는 것이 무슨 의미가
있을까요? 누구든 나타날 것이라고 기대하십니까?

2009년에 나는 내가 소속된 케임브리지 곤빌 앤드
케이어스 칼리지에서 파티를 연 적이 있습니다.
시간여행과 관련한 텔레비전 프로그램을 위한 것이었죠.
진짜 시간여행자가 왔는지 분명히 하기 위해서 파티가
끝날 때까지 아무에게도 초대장을 보내지 않았습니다.
파티 당일, 나는 칼리지에서 손님이 오기를
기다렸습니다만, 아무도 오지 않았습니다. 실망했지만
놀라진 않았습니다. 일반상대성이론이 옳고 에너지
밀도가 양(陽)이면 시간여행은 불가능하다는 것을 이미
내가 증명한 바 있기 때문입니다. 내 가정 중 하나가 틀린
것으로 밝혀졌다면 정말이지 기뻤을 텐데 말입니다.

(alternative-histories approach)이라고 부른다. 이것은 물리학자인 데이비드 도이치가 지지한 가설이며, 영화 「백 투 더 퓨처(Back to the Future)」의 제작자도 마음속에 품고 있던 생각이었던 것 같다. 이 가설에 따르면, 하나의 대안 역사에서 로켓이 발사되기 전에는 미래로부터 아무것도 되돌아오지 않으며, 따라서 로켓이 폭파될 가능성은 전혀 없다. 그러나 여행자가 미래로부터 돌아오면, 그는 그 순간 다른 대안 역사로 진입한다. 그리고 이 역사 안에서 인류는 우주선을 짓기 위해서 엄청나게 노력하지만, 로켓을 발사하기 직전에 비슷한 우주선이 은하 반대편에서부터 등장하여 그것을 파괴한다.

데이비드 도이치는 물리학자 리처드 파인먼이 도입한 '역사 총합(sum-over histories)' 개념에서 나온 대안 역사 접근법을 지지한다고 주장한다. 이 아이디어는 양자이론에 따라 우주가 유일한 하나의 역사를 가지는 것은 아니라고 본다. 그 대신 우주는 가능한 모든 역사를 전부 가지고 있으며, 역사들 각각은 각자의 확률을 가지고 있다. 중동 지역에 영구적인 평화가 있는 역사도 있을 수 있다. 확률은 꽤 낮겠지만 말이다.

어떤 역사에서는 시공간이 휘어져 있어 로켓 같은 사물이 과거로 여행할 수도 있을 것이다. 그러나 각각의 역사는 완성되어 있고 독립적인데, 이것은 휘어진 시공간뿐만 아니라

시간여행은 가능한가?

그 안에 있는 물체들에게도 해당된다. 따라서 로켓이 원래대로 다시 돌아올 때 다른 대안 역사로 넘어가지 못한다. 로켓은 여전히 독립적인 같은 역사 안에 있어야 한다. 따라서 나는 도이치의 주장에도 불구하고 '역사 총합' 아이디어가 대안 역사 가설보다는 일관된 역사 가설을 지지한다고 생각한다.

그렇다면 우리는 일관된 역사 가설이라는 막다른 길에 몰린 것 같다. 그러나 시공간이 휘어져 있어 거대 규모의 시간여행이 가능한 역사가 존재할 확률이 매우 낮다면, 여기에 꼭 결정론이나 자유의지 문제를 포함시킬 필요가 없을 것이다. 이것을 나는 연대기 보호 가설(Chronology Protection Conjecture)이라고 부른다. 물리학 법칙은 거대 규모의 시간여행을 가로막는 쪽으로 흘러가게 되어 있는 것이다.

과거로의 시간여행이 허용될 만큼 시공간이 충분히 휘어지면 가상입자들은 거의 실재 입자가 되어 닫힌 궤도를 돌 수 있게 되는 것 같다. 가상입자의 밀도와 에너지는 대단히 커진다. 이것은 이 역사의 확률이 매우 낮음을 뜻한다. 따라서 연대기 보호 작용이 작동하면서 역사학자들을 위해서 세상을 안전하게 만들어주는 것 같다. 그러나 이 시공간의 휨 문제는 여전히 초기 단계에 머물고 있다. M이론으로 알려진 끈 이론의 통합 버전은 일반상대성이론과 양자이론의 통합에 대해서 우리가 가진 가장 큰 희망인데, 이 이론에 따르면 시공간은 우리가 경험하는 4차원이 아니라 11차원을 가진다고 한다. 이 11차원 중 7차원은 공간 안으로 아주 작게 말려 있어 우리가 알아채지 못한다. 반면 남은 4차원은 상당히 평평하며, 이것을 우리는 시공간이라고 부른다. 만일 이 아이디어가 옳다면, 이 평평한 네 개의 방향을 심하게 휘어져 있는 일곱 개의 방향과 뒤섞이도록 배열해볼 수도 있다. 이렇게 하면 어떤 일이 일어날지 우리는 아직 모르지만, 흥미진진한 가능성으로 열려 있다.

결론적으로, 현재 우리가 이해하는 내용에 따르면 고속 우주여행이나 시간을 거스르는 여행을 배제할 수 없다. 이런 여행들은 엄청난 논리적 문제를 일으키므로, 연대기 보호 가설이 법칙으로서 존재해 사람들이 과거로 가서 자기 부모를 죽이는 것을 막아주기를 다 함께 소망해보자. 그러나 과학소설 팬들도 낙담할 필요는 없다. 아직 M이론에 희망이 있다.

.

7

우리는 지구에서 살아남을 것인가?

맨해튼 프로젝트에 참여하여 최초의 원자폭탄을 만들었던 미국 물리학자들이 창간한 「핵과학자회보(*the Bulletin of the Atomic Scientists*)」는 2018년 1월, '지구 종말 시계'를 자정 2분 전으로 옮겼다. 이 시계는 우리 행성이 마주하고 있는 군사적 또는 환경적 재앙이 시간적으로 얼마나 남았는지 과학자들이 측정한 시간을 보여주는 가상의 시계이다.

이 시계는 흥미로운 역사를 가지고 있다. 이 시계는 원자 시대가 막 시작되었던 시절인 1947년에 시작되었다. 맨해튼 프로젝트의 최고 책임자였던 로버트 오펜하이머는 이보다 2년 전 첫 원자폭탄 폭발이 있었던 1945년 7월에 이렇게 말했다. '우리는 이제 세상이 전과 같지 않을 것임을 알았다. 누군가는 웃었고, 누군가는 울었고, 대부분의 사람들은 침묵했다. 나는 힌두 경전인 바가바드기타의 한 구절이 기억났다. "나는 이제 죽음이 된다. 세상의 파괴자가 된다."'

1947년에 시계는 자정 7분 전에 맞추어져 있었다. 그러던 것이 이제는 1950년대 초 냉전 시대를 제외하고는 그 어느 때보다도 운명의 날에 가까워져 있다. 지구 종말 시계와 시침 분침의 움직임은 물론 완전히 상징적인 것이지만, 나는 다른 과학자들이 보내는 이런 걱정스러운 경고, 그중 적어도 일부는 도널드 트럼프 대통령의 당선 때문에 촉발되었겠지만, 이런 경고를 진지하게 받아들여야 한다고 지적하고 싶다. 시간은 속절없이 흐르고 있고 인류에게 남은 시간이 얼마 없다는 지구 종말 시계의 메시지는 현실인가 아니면 불필요한 우려를 자아낼 뿐인가? 이 경고는 시의적절한가 아니면 시간 낭비인가?

나는 개인적으로 시간과 상당히 밀접한 관계가 있다. 먼저 내가 쓴 책 중에서 과학자 커뮤니티를 넘어 일반인들에게도 내 존재를 널리 알리는 계기가 되었던 베스트셀러의 제목이 『시간의 역사』이다. 따라서 나를 시간의 전문가라고 생각하는 사람도 있을 수 있겠다. 물론 오늘날의 전문가가 꼭 좋은 것일 필요는 없겠지만 말이다. 두 번째로, 스물한 살 때 의사에게 앞으로 5년밖에 살지 못한다는 말을 듣고 일흔여섯 살이 되는 2018년까지 살아온 사람으로서, 나는 개인사적 측면으로도 시간의 전문가라고 할 수 있다. 나는 불편하지만 절실하게 시간의 흐름을 체감하며 살았고, 거의 평생 동안 내게 주어진 시간이 사람들 말처럼 빌린 것이라는 느낌으로 살아왔다.

분명한 것은 현재 우리가 사는 세상이 내 기억 속의 그 어느 때보다도 정치적으로 불안정하다는 것이다. 수많은 사람들이 경제적으로 또 사회적으로 낙오되었다고 느낀다. 그 결과 그들은 정치 경험이 제한적이고 위기 상황에서 차분한 판단을 내릴 능력도 검증되지 않았지만 대중에게 영합하는—아니면 적어도 인기가 많은—정치인들에게 돌아서고 있다. 그로 인해서 경솔하거나 악의적인 힘이 아마겟돈을 재촉하리라는 전망에 따라 지구 종말 시계는 임계점으로 더 가까이 다가가고 있다.

지금, 지구의 수많은 지역들이 위협을 당하고 있어 나로서는 낙관적인 태도를 유지하기가 무척이나 어렵다. 그 위협들은 너무 크고 너무 많다.

첫째로, 우리에게 지구가 너무 좁아지고 있다. 물리적 자원은 우려할 만한 속도로 고갈되고 있다. 우리는 우리 행성에게 기후 변화라는 재앙을 선물로 안겨주었다. 점점 치솟는 온도, 북극 빙하의 감소, 삼림 파괴, 인구 과밀, 질병, 전쟁, 기근, 물 부족과 동물 종의 대량 살상. 이런 문제들은 모두

우리는 지구에서 살아남을 것인가?

해결할 수 있지만, 아직은 해결되지 않고 있다.

지구 온난화는 우리 모두가 일으킨 것이다. 우리는 자동차를, 여행을, 그리고 더 나은 삶의 기준을 원한다. 문제는 무슨일이 일어나는지 깨달을 때쯤이면 너무 늦다는 것이다. 제2차 핵시대와 전례 없는 기후 변화의 시대를 눈앞에 두고 있는 이때, 과학자들은 다시 한번 인류가 직면한 위험에 대해서 사람들에게 알리고 지도자들에게 고언을 할 특별한 책임을 짊어지게 되었다. 우리 과학자들은 핵무기의 위험성과 그 파괴적인 결과를 잘 알고 있다. 또한 인간의 활동과 기술이 어떻게 기후 시스템에 영향을 미쳐 지구 위의 생명체들에게 영구적인 변화를 일으킬 것인지를 연구하고 있다. 세계 시민의 일원으로서 우리 과학자들은 이 지식을 공유하고 우리가 매일 접하고 있는 불필요한 위험을 경고할 의무가 있다. 우리는 정부와 사회가 지금 바로 핵무기를 폐기하고 이후의 기후 변화를 방지하기 위한 행동에 나서지 않으면 거대한 위험이 닥쳐올 것임을 예견한다.

동시에, 이 세계가 중대한 환경 위기를 목전에 두고 있는 지금 이 순간에도, 정치인들 중 다수는 인간이 초래한 기후 변화의 현실을 부정하거나 그것을 되돌릴 수 있는 우리의 능력을 부인하고 있다. 지구 온난화는 자체적으로 유지될 위험이 있다. 이미 그렇게 되지 않았다면, 앞으로 그렇게 될 것이다. 북극과 남극의 빙산이 녹으면 우주로 반사되는 태양 에너지 양이 감소하게 되고, 이로써 지구의 온도는 점점 높아진다. 기후 변화로 인해 아마존을 비롯한 열대우림이 파괴되고 있으며 그로 인해서 대기 중 이산화탄소를 제거할 방법 하나가 사라지는 셈이 된다. 바다 수온의 증가 역시 다량의 이산화탄소를 방출시킨다. 이런 현상들 모두 온실 효과를 가중시키고 지구 온난화를 악화시킨다. 온실 효과와 지구 온난화는 궁극적으로 지구의 기후를 매우 뜨겁고 황산 비가 내리는 섭씨 250도의 금성처럼 만들 것이고, 인간은 삶을 지속할 수 없게 된다. 우리는 1997년의 국제 협약인 교토 의정서(Kyoto Protocol)에서 명시한 내용 이상의 것을 실행해야 하고, 지금 당장 탄소 배출을 감축해야 한다. 우리에게는 그럴 기술이 있다. 필요한 것은 오직 정치적 의지이다.

우리 인간은 무지하고 생각 없는 자들일 수도 있다. 과거의 역사에서 이와 비슷한 위기에 봉착했을 때, 대개는 식민지를 만들 다른 곳이 항상 있었다. 콜럼버스는 1492년 식민지로 만들 땅을 찾다가 신세계를 발견했다. 그러나 이제는 더이상 신세계가 없다. 우리 인근에 유토피아는 없다. 우리는 가진 공간을 다 썼고 이제 갈 수 있는 곳은 다른 세상뿐이다.

우리는 지구에서 살아남을 것인가?

우주는 거친 곳이다. 별들은 행성을 집어삼키고, 초신성은 우주 공간 전체에 치명적인 빛을 쏘아 보내고, 블랙홀은 서로 부딪치고, 소행성은 1초에 수백 킬로미터의 속도로 돌진한다. 이런 현상들 때문에 우주 공간이 썩 매력적인 곳처럼 여겨지지는 않을 것이다. 하지만 우리가 여기 머물지 않고 우주 탐험을 감행해야 하는 이유가 바로 이것이다. 우리는 소행성 충돌에 대해서 전혀 방어할 방법이 없다. 소행성이 지구와 마지막으로 충돌한 때가 약 6,600만 년 전이었고, 그 충돌로 인해 공룡이 멸종했다고 여겨진다. 소행성 충돌은 또 일어날 수 있다. 지금 이 이야기는 과학소설에 나오는 이야기가 아니다. 물리와 확률의 법칙이 보증하는 내용이다.

현 시점에서 인류에게 가장 거대한 위협은 아마도 여전히 핵전쟁일 것이다. 핵전쟁은 다소 잊고 있었던 위협이다. 러시아와 미국이 더 이상 서로에게 호전적이지 않기 때문이다. 그러나 불의의 사고가 일어나거나, 러시아와 미국의 핵무기를 테러리스트가 장악한다고 상상해보라. 그리고 핵무기 보유국이 늘어날수록 위험은 더욱 증가한다. 냉전은 종식되었지만, 그 이후로도 우리 모두를 몇 번이고 죽이고도 남을 핵무기가 여전히 충분한 양만큼 비축되어 있으며, 새 핵보유국도 불안정한 상태를 가중시킬 것이다. 시간이 흐름에 따라

핵 위협은 감소할 수도 있겠지만, 다른 위협이 대두될 것이다. 따라서 경계를 늦춰서는 안 된다.

나는 앞으로 1,000년 안에 핵 대치나 환경 재난으로 인해 어떤 식으로든 필연적으로 지구가 심각한 손상을 입을 것이라고 본다. 1,000년도 지질 연대기에서는 거의 눈 깜빡할 시간에 불과하다. 나는 그전까지 독창적인 인간들이 지구의 무정한 속박에서 벗어나 재앙으로부터 살아남을 수 있는 방법을 발견하기를 바라고, 또 그러리라고 믿는다. 물론 지구에 살고 있는 다른 수백만의 종들은 이런 일을 해낼 수 없을 것이며, 이것은 같은 생명체로서 우리의 양심에 달린 문제가 될 것이다.

나는 우리가 지구라는 행성 위에 살면서 우리의 미래에 대해서 무관심하게 행동하고 있다고 생각한다. 지금 이 순간 우리는 달리 갈 곳이 없지만, 장기적 관점에서 보면 달걀들을 바구니 하나에, 또는 행성 하나에 전부 담아놓아서는 안 된다. 나는 그저 우리가 지구를 탈출할 방법을 배우기 전에 바구니가 바닥에 떨어지는 것만을 피할 수 있기를 바랄 뿐이다. 그러나 우리는 천성적으로 탐험가들이다. 호기심으로 동기를 부여받는 탐험가들. 호기심은 인간 고유의 성질이다. 탐험가를 보내 지구가 평평하지 않다는 것을 증명했던 것도,

우리는 지구에서 살아남을 것인가?

머릿속 사고를 통해서 별에 갈 수 있게 해준 것도, 또 실제로 그곳에 가보도록 종용하는 것도 바로 이 호기심이다. 그리고 우리가 달 착륙 같은 새롭고 거대한 도약을 할 때마다, 우리는 인류애를 고취시키고, 사람들과 국가들을 화합시켜 새로운 발견들과 새로운 기술들을 선도해왔다. 지구를 떠나려면 전 지구적인 결연한 접근 방식이 필요하다─다시 말해서 모든 사람들이 참여해야 한다는 것이다. 우리는 1960년대 우주여행을 시작하던 때의 신선했던 흥분을 다시 일깨워야 한다. 기술은 이미 우리의 손 안에 있다. 이제는 다른 태양계를 탐사할 때이다. 우주로 널리 퍼져나가는 것만이 우리 스스로를 구할 유일한 길일 것이다. 나는 인간이 지구를 떠나야 한다고 확신한다. 이곳에 계속 머무른다면, 우리는 소멸될 위기에 처할 것이다.

*

그렇다면, 우주 탐사에 대한 나의 희망을 넘어서, 미래는 어떤 모습일 것이며 과학은 어떻게 우리를 도울 수 있을 것인가?

미래의 과학에 대한 대중적인 이미지는 유명한 SF 시리즈인 「스타 트렉」에서 잘 보여주고 있다. 나는 심지어 그렇게

호킹의 빅 퀘스천에 대한 간결한 대답

어렵지 않을 것이라는 「스타 트렉」 제작자들의 설득에 넘어가서 직접 드라마에 참여한 적도 있다.

그때의 경험은 꽤 재미있었지만, 지금 나는 심각한 주제를 다루기 위해서 이 얘기를 꺼낸 것이다. H. G. 웰스 이래로 지금까지 나왔던 미래에 대한 예견들은 거의 전부 기본적으로 안정적이다. 그런 예견에서는 과학, 기술, 정치 조직 측면에서 한층 더 발전된 사회를 보여준다. (아마 정치 쪽은 발전하는 데에 별로 어렵지 않을 것이다) 현재에서 그 미래로 가기까지 큰 변화들이 있었을 것이고, 긴장과 갈등도 당연히 수반되었을 것이다. 그러나 일단 미래 세상이 오면 그때의 과학, 기술, 사회가 거의 완벽에 가까운 수준에 이를 것이라고 생각하는 경향이 있다.

나는 이런 그림에 이의를 제기한다. 그리고 과연 우리가 과학과 기술에서 최종적인 안정 상태에 도달할 수 있는지 묻고 싶다. 지난 빙하기 이래로 1만 년 가까운 시간 동안 인류는 꾸준히 지식을 쌓고 확고한 기술을 구현해왔다. 가끔씩은 로마 제국의 멸망 후 찾아온 암흑시대 같은 퇴보를 겪기도 했다. 그러나 생명 보존과 식량 공급에 대한 기술적 능력의 척도로서 인구 증감을 관찰해보면, 세계의 인구는 계속 증가해왔으며, 흑사병 창궐 같은 몇 번의 좌절은 있었을지언정 대

우리는 지구에서 살아남을 것인가?

체로 꾸준히 증가했다. 지난 200년 동안 인구는 지수함수적으로 증가했다 — 그리고 세계의 전체 인구는 10억에서 76억으로 껑충 뛰었다.

최근의 기술 발전을 파악할 다른 척도로는 전력 소비량이나 발표되는 과학 논문의 수 같은 것이 있다. 이것들 역시 거의 지수함수에 가까운 성장세를 보인다. 사실 우리가 품고 있는 기대는 너무 커서, 아직도 미래의 유토피아 세상이 도래하지 않은 것은 정치가와 과학자들이 우리를 속이고 있기 때문이라고 믿는 사람도 있다. 예를 들면 영화 「2001 스페이스 오디세이(2001 : A Space Odyssey)」는 2001년에 달 기지와 목성으로 날아가는 유인 우주선을 보여주고 있다.

과학과 기술의 발전 속도가 갑자기 확 느려지고 가까운 미래에 멈추어버릴 징후는 없다. 분명히 「스타 트렉」의 배경이 되는 350년 후까지는 그럴 것 같지는 않다. 그러나 현재의 성장 속도가 앞으로 1,000년 동안 지속될 수 없다. 이 속도로 계속 인구가 증가한다면, 기원후 2600년 무렵에는 세계의 모든 사람들이 어깨를 서로 부딪히며 옴짝달싹 못하고 서 있어야 할 것이며, 전력 소비로 인해 지구는 빨갛게 달아올라 빛을 발할 것이다. 현재의 출간 속도로 새로 출간되는 책을 차곡차곡 나란히 늘어놓는다고 할 때, 그 줄의 끝을 쫓아가려면

호킹의 빅 퀘스천에 대한 간결한 대답

시속 90마일의 속도로 달려야 할 것이다. 물론 2600년이면 새로운 예술작품이나 과학 저서들은 실물 책이나 종이보다는 전자 정보의 형태로 세상에 나올 것이다. 그렇다고 해도 지수함수적 성장이 계속된다면, 이론물리학에서만도 1초에 논문 10편이 나올 테니 그것을 다 읽을 시간은 없을 것이다.

확실히 현재의 지수함수적 증가가 무한히 계속될 수는 없다. 그렇다면 무슨 일이 일어날까? 한 가지 가능성은 핵전쟁 같은 재앙을 통해서 우리 자신을 쓸어버리는 것이다. 우리 자신을 완전히 파괴하지는 않더라도, 야만적이고 잔인했던 상태로 퇴행할 가능성은 있다. 영화 「터미네이터(Terminator)」의 첫 장면에서 본 것처럼 말이다.

앞으로 다가올 1,000년 동안 우리는 과학과 기술을 어떻게 발전시킬 것인가? 이 질문에 대답하기는 매우 어렵다. 그러나 욕먹을 각오를 하고 미래에 대한 나의 예측을 말해보겠다. 앞으로 100년 정도는 예측이 맞을 확률이 좀 있겠지만, 나머지 900년은 무모한 억측이라는 편이 맞을 것이다.

현대 과학에 대한 이해는 유럽이 북아메리카를 정복한 것과 거의 동시에 시작되었고, 19세기가 끝날 무렵에는 오늘날 고전 법칙이라고 부르는 관점에서 우주를 완전히 이해하는 데에 거의 다가간 것 같았다. 그러나 지금까지 보아왔듯이,

20세기에 나온 여러 관측 결과에서 에너지가 양자라는 이산적(離散的)인 묶음들로 존재한다는 사실이 밝혀졌고, 이를 바탕으로 막스 플랑크와 여러 학자들에 의해서 양자역학이라고 하는 새로운 종류의 이론이 탄생하게 되었다.

이 이론은 실재에 대해서 완전히 다른 그림을 제시한다. 이를테면 사물은 단 하나의 고유한 역사를 가지는 것이 아니라 고유의 확률을 가지는 가능한 모든 역사들을 가진다. 입자 낱알로 파내려가 보면, 입자가 가질 수 있는 역사에는 빛보다 빠른 속도로 이동하는 경로와 심지어 시간을 거슬러가는 경로까지도 포함된다. 그러나 이렇게 시간을 거슬러 움직이는 경로들은 핀 끝에서 춤추는 천사들 같은 것은 아니다. 이런 입자들은 실제 관측 결과를 낳는다. 심지어 빈 공간이라고 생각되는 곳도 공간과 시간 안에서 닫힌 고리를 이루며 움직이는 입자들로 가득 차 있다. 즉 입자들이 고리의 한쪽에서는 시간을 따라서, 반대쪽에서는 시간을 거슬러 움직이고 있다는 뜻이다.

문제는 공간과 시간에 무한개의 점이 있기 때문에, 가능한 입자들의 닫힌 고리의 개수도 무한개라는 것이다. 그리고 무한히 많은 입자의 닫힌 고리들은 무한대의 에너지를 가지며, 그렇게 되면 단 하나의 점에서도 공간과 시간이 휘어질 수

호킹의 빅 퀘스천에 대한 간결한 대답

있게 할 수 있다. 이런 기이한 것은 아마 과학소설에서도 볼수 없을 것이다. 이런 무한 에너지를 다루려면 참으로 창의적인 설명이 있어야 한다. 그런데 지난 20년 동안 이론물리학에서 행해진 연구 중 상당 부분은 공간과 시간 안의 무한개의 닫힌 고리들을 서로 완전히 상쇄시키는 이론을 찾는 것이었다. 그래야만 양자이론과 아인슈타인의 일반상대성이론을 통일시킬 수 있고 우주의 기본 법칙에 대한 완전한 이론을 얻게 되는 것이다.

향후 1,000년 안에 이 완전한 이론을 발견할 가능성은 얼마나 될까? 그럴 가능성이 꽤 높을 것이라고 말한다면, 낙관주의자일 것이다. 1980년에 나는 향후 20년 안에 완전한 통일 이론을 발견할 확률을 50 대 50으로 본다고 말했다. 그이후 일부 주목할 만한 발전이 있었지만, 최종 이론은 조금도 다가오지 않고 여전히 저 멀리에 있는 것처럼 보인다. 물리학의 성배는 언제나 우리 손이 닿지 않는 곳에 있는 것일까? 나는 아니라고 생각한다.

20세기 초에 우리는 100분의 1밀리미터 정도 수준까지 내려가는 고전 물리학 규모에서 자연 현상들을 이해했다. 20세기의 첫 30년 동안에는 원자물리학 연구를 통해서 100만 분의 1밀리미터 수준까지 이해할 수 있게 되었다. 그후로 핵물

우리는 지구에서 살아남을 것인가?

리학과 고에너지 물리학은 그보다도 더 작은 10억 분의 1밀리미터 수준까지 파내려갔다. 이런 식으로 더 작은 규모의 구조를 발견할 때까지 영원히 내려갈 수 있을 것 같았다. 그러나 이렇게 계속 이어지는 러시아 인형 같은 구조에는 한계가 있으며, 결국에는 더 이상 쪼갤 수 없는 가장 작은 인형까지 가게 된다. 물리학에서의 가장 작은 인형을 우리는 플랑크 길이(Planck length)라고 부르는데, 1밀리미터를 10 뒤에 0이 35개나 붙는 수로 나눈 길이이다. 우리에게는 이 정도로 작은 길이를 탐지할 수 있는 입자가속기를 제작할 능력이 없다. 이 정도 가속기라면 태양계보다 커야 하는데, 현재의 재정 사정에서 이런 사업은 승인을 받을 가능성이 없다. 그렇지만 이보다 훨씬 더 수수한 장비로 실험할 수 있는 이론의 결과물들이 있다.

실험실에서 플랑크 길이 규모까지 탐색하는 것은 불가능하겠지만, 빅뱅을 연구해서 지구에서 도달할 수 있는 것보다 더 높은 에너지와 짧은 거리에서의 관측 증거를 얻을 수는 있다. 그러나 궁극의 만물의 이론을 찾기 위해서는 수학적 아름다움과 일관성에 의존해야 한다.

「스타 트렉」이 보여주는 발전되고 안정된 미래는 우리가 우주를 지배하는 기본 법칙에 대해서 이해하고 있음을 감안할 때 어쩌면 현실이 될 수 있을지도 모른다. 그러나 우리가 이 법칙들을 사용하는 것을 보면 결코 안정된 미래에 도달할 수 있을 것 같지 않다. 궁극의 이론은 우리가 만드는 시스템의 복잡성에 아무 제한도 두지 않을 것이며, 나는 이 복잡성 안에 앞으로 1,000년 동안의 가장 중요한 발전이 있을 것이라고 생각한다.

*

단언하건대 우리가 가진 것들 중 가장 복잡한 시스템은 우리 자신의 몸이다. 생명은 40억 년 전에 지구를 뒤덮고 있던 원시 바다에서 비롯된 것 같다. 어떻게 이런 일이 일어났는지 우리는 모른다. 아마도 무작위적인 원자들의 충돌로 고분자가 형성되고, 그것이 스스로를 복제하고 서로 결합하여 더 복잡한 구조를 만들었을 것이다. 우리가 아는 것이라고는 35억 년 전에 대단히 복잡한 구조를 가진 DNA가 튀어나왔다는 것뿐이다.

DNA는 1953년 케임브리지의 캐번디시 연구소에서 프랜시스 크릭과 제임스 왓슨이 처음으로 발견했다. DNA는 나선 계단 같은 이중 나선 구조를 이루고 있으며, 지구 위 모든 생

우리 행성의 미래에 가장 큰 위협은 무엇입니까?

소행성 충돌일 것입니다. 우리는 이 위협을 막을 방법이
전혀 없습니다. 가장 최근에 일어난 대규모의 소행성
충돌은 약 6,600만 년 전에 있었고, 그 결과 공룡을
멸종시켰습니다. 이보다 더 당면한 위험은 통제를 벗어난
기후 변화입니다. 바다의 수온이 오르고, 그로 인해
빙하가 녹으면서 대량의 이산화탄소가 방출됩니다.
두 효과 모두 지구의 기후를 섭씨 250도의 금성의
기후처럼 만들게 됩니다.

명체의 기본 요소이다. 이중 나선을 이루는 두 가닥은 염기쌍으로 연결되어 있으며, 나선 계단의 발판 모양처럼 생겼다. 염기는 시토신, 구아닌, 아데닌, 티민으로 모두 네 종류가 있다. 나선 계단을 따라 서로 다른 염기가 늘어선 순서에 유전 정보가 담겨 있고, 이 유전 정보는 DNA 분자가 주위 조직과 결합하여 스스로를 복제할 수 있도록 한다. DNA가 스스로를 복제하는 과정에서 간혹 나선을 따라가던 염기의 순서에 오류가 생길 수 있다. 대부분의 경우 복제 오류가 생기면, DNA는 자기 복제를 할 수 없게 되었을 것이다. 이런 유전적 오류, 즉 돌연변이는 소멸되었을 것이다. 그러나 일부 경우에서 오류 또는 돌연변이가 DNA의 생존과 복제 가능성을 증가시켰다. 그렇게 해서 염기 배열 안에 든 정보는 점차 진화하고 복잡성이 증가하게 된다. 이 돌연변이의 자연 선택설은 케임브리지 맨이었던 찰스 다윈이 1858년에 처음으로 제안했지만, 그도 어떻게 그런 일이 일어나는지는 몰랐다.

생물학적 진화는 기본적으로 모든 유전적 확률들의 공간 안에서 일어나는 무작위 과정이기 때문에 매우 느리게 진행된다. 복잡성, 또는 DNA 안에 암호화된 정보의 비트 수는 대략 분자 안의 핵산의 수로 주어진다. 정보의 각 비트는 예/아니오 질문의 대답이라고 생각하면 된다. 생명의 역사에서

우리는 지구에서 살아남을 것인가?

첫 20억 년 정도는 복잡도의 증가 속도가 100년에 1비트 수준이었을 것이다. 그러던 것이 DNA 복잡도의 증가 속도가 점차 빨라져서 마지막 몇 백만 년 동안에는 1년에 1비트 정도가 되었다. 그러나 이제는 느리디 느린 생물학적 진화 과정을 기다리지 않아도 DNA의 복잡도를 증가시킬 수 있는 새로운 시대의 문턱에 와 있다.

인간의 DNA는 지난 1만 년 동안 상대적으로 거의 변화가 없었다. 그러나 앞으로 1,000년 안에 DNA를 완전히 새로 설계할 수 있는 능력을 가지게 될 것 같다. 물론 수많은 사람들이 인간 대상의 유전공학을 금지해야 한다고 주장할 것이다. 그러나 그것을 막을 수 있을지는 심히 의심스럽다. 경제적 이유로 동식물을 대상으로 하는 유전공학이 허용될 텐데, 누군가는 분명히 그것을 인간에게도 시험해보고 싶어하지 않을까? 우리가 전체주의 세계의 질서 안에서 살지 않는 한, 누군가는 어딘가에서 개량된 인간을 설계할 것이다.

개량된 인간이 개발되면 결국 개량되지 않은 인간들은 엄청난 사회적, 정치적 문제를 경험하게 될 것이다. 나는 인간 대상의 유전공학이 좋은 것이라고 옹호하는 것이 아니다. 단지 우리가 원하든 원하지 않든 그런 일이 앞으로 1,000년 안에 일어날 가능성이 높다고 말하려는 것이다. 그래서 나는

호킹의 빅 퀘스천에 대한 간결한 대답

사람들이 앞으로 350년 동안 근본적으로 변하지 않을 것이라고 말하는「스타 트렉」같은 과학소설을 믿지 않는다. 나는 인류가, 그리고 인간의 DNA가 대단히 빠른 속도로 복잡도를 증가시킬 것이라고 생각한다.

어떤 면에서는 점점 복잡해지는 주변 세상에 대처하고 우주여행처럼 새로운 도전에 직면해야 한다면, 인류가 인간의 정신적 육체적 특성을 개선시켜야 할 필요성이 있기는 하다. 그리고 생물학적 시스템으로 전자 시스템을 앞서가기 위해서라도 복잡도를 증가시켜야 한다. 오늘날의 컴퓨터는 속도가 빠르다는 이점은 있지만, 딱히 지능의 징조는 보이지 않는다. 이는 크게 놀랄 일은 아니다. 우리가 가진 컴퓨터의 복잡도는 지능을 가지고 있다고는 생각할 수 없는 지렁이 두뇌의 복잡도보다도 낮기 때문이다.

그러나 컴퓨터는 대체적으로 속도와 복잡도가 18개월마다 2배로 증가한다는 무어의 법칙(Moore's Law)을 따른다. 이런 지수함수적 발전은 분명 영원히 계속될 수는 없으며, 실제로 컴퓨터의 발전 속도는 이미 느려지기 시작했다. 그러나 컴퓨터가 인간의 두뇌와 비슷한 복잡도를 가지게 될 때까지는 개발 속도는 계속 증가할 것이다. 어떤 사람들은 진정한 지능이 무엇인지는 몰라도 컴퓨터는 절대 지능을 가질 수 없을

우리는 지구에서 살아남을 것인가?

것이라고 말한다. 그러나 내가 보기에는 대단히 복잡한 화학적 분자가 인간 내부에서 인간을 지적인 존재로 만들도록 작동할 수 있다면, 그와 똑같이 복잡한 전자 회로도 컴퓨터 안에서 컴퓨터를 지적인 개체로 작동하도록 만들 수 있을 것이다. 그리고 지적인 존재가 된 컴퓨터는 훨씬 더 복잡하고 높은 지능을 가진 컴퓨터를 설계할 수 있을 것이다.

바로 이 때문에 나는 발전했지만 안정적인 미래를 그리는 과학소설을 믿지 않는다. 그 대신에 생물학적 그리고 전자적 영역 내에서 복잡도가 급격히 증가할 것이라고 예상한다. 그래도 앞으로 100년 안에 이런 일이 일어날 것 같지는 않으며, 그것은 우리 모두가 높은 신뢰도로 예측하는 내용이다. 그러나 앞으로 1,000년이 지나고 그때까지 인간이 생존할 수 있다면, 이 변화는 근본적인 것으로 자리잡을 것이다.

링컨 스테펀스는 이런 말을 한 적이 있다. '나는 미래를 보았고, 미래는 잘 굴러가더라.' 사실 이 말은 소비에트 연방에 대한 말이었고, 오늘날 우리는 소련이 썩 잘 굴러가지 않았다는 것을 잘 알고 있다. 그럼에도 나는 현재의 세계 질서가 미래를 담보하고 있다고 생각한다. 다만 그 세계 질서는 지금과는 많이 다를 것이다.

8
우리는 우주를 식민지로 만들어야 하는가?

왜 우리는 우주로 나가야 하는가? 달 표면에서 몇 걸음 팔짝 팔짝 뛰기 위해서 그 엄청난 노력과 돈을 쏟아부어야 할 이유가 무엇이란 말인가? 그런 돈이 필요한 곳은 이곳 지구에 더 많지 않을까? 이 문제의 정답은 우주가 거기에, 우리 주위에 있기 때문이라는 것이다. 지구에 계속 머물러 있는 것은 무인도의 조난자들이 탈출을 시도하지 않는 것과 같다. 우리는 인간이 살 수 있는 곳을 찾아 태양계를 탐사해야 한다.

어찌 보면 지금 상황은 1492년 이전의 유럽과 비슷하다. 사람들은 부질없는 모험을 떠나는 콜럼버스가 돈을 낭비한다며 비난했을 것이다. 그러나 신세계의 발견은 구세계에 엄청난 변화를 만들었다. 생각해보라. 신세계를 발견하지 못했다면 빅맥이나 KFC도 없었을 것이다. 우주 공간으로 활동범위를 넓히는 것은 훨씬 더 어마어마한 효과를 가져올 것이다. 우주 탐사는 인류의 미래를 완전히 바꿔놓을 것이며, 그

우리는 우주를 식민지로 만들어야 하는가?

전에 과연 우리에게 미래가 있기는 한 것인지를 결정하는 계기가 될 것이다. 우리가 지구 위에서 당면하고 있는 문제들을 우주 탐사가 해결해주지는 못하겠지만, 문제에 대한 새로운 관점을 제공하고 안이 아닌 밖을 보도록 해줄 것이다. 여기에 더하여 나는 공통의 도전에 직면하도록 인류를 단합시켜주리라 바라고 있다.

이것은 장기 전략이 될 것이다. 여기에서 말하는 장기란 수백 년, 어쩌면 수천 년이 될지도 모른다. 앞으로 30년 안에 달에 기지를 세우고, 50년 안에 화성에 도착하고, 200년 안에는 외계 행성들의 위성들을 탐사할 수 있을 것이다. '도착하는' 것은 사람이 탑승한 우주선이어야 한다. 우리는 이미 화성에 탐사선을 보냈고 토성의 위성인 타이탄에도 탐사용 로켓을 착륙시켰지만, 인류의 미래를 고려한다면 우리가 직접 그곳에 가야 한다.

우주로 가는 비용이 저렴하지는 않지만, 세계 전체 자원에 비해서는 그렇게 많은 돈은 아니다. 나사(NASA)의 예산은 아폴로 우주선이 착륙했던 시절부터 사실상 거의 그대로 유지되고 있다. 그러나 미국 국내총생산(GDP)에 대한 비율로 보면 1970년에는 0.3퍼센트였으나 2017년에는 0.1퍼센트로 감소했다. 우주 탐사를 진지하게 고려해서 국제적으로 예산을 20배 증가시킨다고 해도 전 세계 GDP의 극히 일부에 불과하다.

새로운 행성을 찾는 데에 돈만 낭비하고 결실도 얻지 못할 바에야, 차라리 그 돈을 우리 행성의 기후 변화나 오염 문제를 해결하는 데에 쓰는 것이 낫다고 주장하는 사람이 있을 것이다. 나는 기후 변화와 지구 온난화에 맞서 싸우는 것이 중요하지 않다고 말하려는 것이 아니다. 그러나 그런 일을 하면서도 세계 GDP의 0.25퍼센트는 우주 개발을 위해서 남겨둘 수 있다. 우리의 미래가 0.25퍼센트만큼의 가치도 가지지 못한다는 말인가?

1960년대에는 우주에 그런 큰 노력을 들일 가치가 있다고 생각했다. 1962년에 케네디 대통령은 10년 안에 인간을 달에 착륙시키겠다고 미국 국민들에게 진지하게 약속했다. 그리고 1969년 7월 20일에 버즈 올드린과 닐 암스트롱이 달 표면에 착륙했다. 인류의 미래를 바꾼 사건이었다. 나는 그때 스물일곱 살이었고 케임브리지의 연구원이었는데, 그 장면을 놓쳤다. 그때 리버풀에서 열린 특이점에 관한 학회에 참석 중이었는데, 아폴로 호가 달에 착륙할 때에 르네 톰의 파국 이론에 관한 강연을 듣고 있었던 것이다. 당시에는 재방송도 없어서(어차피 집에 텔레비전도 없었지만) 두 살짜리 아들이 나에게 그 장면을 설명해준 것이 전부였다.

우주 경쟁은 과학에 대한 흥미를 고취시키고 기술 발전을 가속시키는 데에 큰 도움이 되었다. 오늘날의 과학자들 중 많은 사람들이 달 착륙을 보고 감화를 받아 우주 안에서의 우리 자신과 우리의 상황을 더 많이 알고 싶은 마음으로 과학에 투신했다. 인간의 달 착륙은 우리 세상에 대한 새로운 관점을 주었으며, 지구를 지구 그 자체로 바라볼 수 있게 해주었다. 그러나 1972년 마지막 달 착륙 이후로 유인 우주비행에 대한 계획은 나오지 않았고, 우주에 대한 대중의 관심은 식어갔다. 그것은 서구 사회에서 과학에 대한 환상이 깨어진 것과 시기적으로 일치했다. 과학은 그 나름으로 위대한 결실을 거두었지만, 점점 더 심각해지는 사회 문제들을 해결하지는 못했던 것이다.

새로운 유인 우주선 프로그램은 우주와 과학에 대한 일반 대중의 기대를 재건하는 역할을 했다. 로봇을 이용한 탐사는 비용이 훨씬 더 저렴하고 과학적 정보도 더 많이 얻을 수 있다. 그러나 인간의 우주비행만큼 대중의 상상력을 사로잡지는 못한다. 게다가 인류를 우주로 확산시키는 역할도 하지 못한다.

나는 인류의 우주 확산이 우리의 장기 전략이 되어야 한다

호킹의 빅 퀘스천에 대한 간결한 대답

고 주장하고 있다. 2050년까지 달에 베이스 캠프를 건설하고, 2070년까지 화성에 사람을 착륙시키겠다는 목표는 우주 프로그램을 재점화시킬 것이며, 1960년대 케네디 대통령의 달 탐사 계획이 그랬던 것처럼 우리에게 큰 동기를 부여할 것이다. 2017년 말에 엘론 머스크는 2022년까지 달 기지와 화성 탐사를 완수하는 스페이스 X 계획을 발표했고, 트럼프 대통령은 NASA가 탐사와 발견에 다시금 집중할 수 있도록 하는 우주 정책 지침에 서명을 했으니, 아마도 목표에 좀더 일찍 다가갈 수도 있을 것 같다.

우주에 대한 새로운 흥미는 대중들이 바라보는 과학의 지위를 높이는 영향도 있을 것이다. 과학과 과학자들은 점점 더 낮은 평가를 받고 있고, 이는 심각한 결과를 초래하고 있다. 우리가 사는 사회에 미치는 과학 기술의 지배 범위는 점점 더 넓어지고 있는데 과학에 헌신하고 싶어하는 젊은이들은 점점 더 줄어들고 있다. 새롭고 야심적인 우주 프로그램을 통해서 젊은이들이 과학에 흥미를 느끼게 되면, 단순히 천체 물리학과 우주 과학을 넘어 더 광범위한 분야의 과학에 뛰어드는 계기가 될 것이다.

나도 마찬가지이다. 나는 언제나 우주 비행을 꿈꾸어왔다. 그러나 지난 수년간 그것은 그저 꿈에 불과하다고 생각했다.

우리는 우주를 식민지로 만들어야 하는가?

지구 위의 휠체어에 속박된 내가, 상상력과 이론물리 연구 말고 달리 무슨 방법으로 우주의 장엄함을 경험할 수 있겠는가. 나는 내가 아름다운 우리 행성을 우주에서 바라보거나 저 너머 무한을 응시할 기회를 가지게 되리라고는 꿈도 꾸지 못했다. 이런 일들은 우주비행의 경이와 스릴을 경험할 행운을 거머쥘 몇 안 되는 우주비행사들의 영역에 속한 것이었다.

그러나 내가 감안하지 않은 부분이 있었다. 지구 밖 탐험의 첫걸음이라는 임무를 맡은 사람들의 에너지와 열정이 바로 그것이다. 그리고 2007년, 나는 운 좋게도 무중력 비행을 할 수 있었고 최초로 무게가 0이 되는 경험을 했다. 무중력 상태는 고작 4분밖에 지속되지 않았지만, 정말 경이로웠다. 할 수만 있다면 몇 번이고 계속해서 할 수도 있을 것 같았다.

그때, 우주로 나가지 않는다면 인류에게는 미래가 없을 것이라고 했던 나의 말이 회자되었다. 그때 나는 그렇게 믿었고, 지금도 그렇게 믿고 있다. 그리고 내가 무중력 비행을 하는 모습을 통해서 누구라도 우주여행에 참여할 수 있음을 보여주었기를 바란다. 나는 일반인들에게 우주여행의 흥분과 경이를 알리기 위해서 모든 노력을 기울여야 할 책임이 나같은 과학자들과 혁신적인 사업가들에게 있다고 믿는다.

그러나 인간이 지구를 떠나서 그렇게 오래 생존할 수 있을

호킹의 빅 퀘스천에 대한 간결한 대답

까? 국제우주정거장에서의 경험을 통해서 지구를 떠나더라
도 몇 개월 정도는 생존이 가능하다는 것을 확인할 수 있다.
그러나 궤도상의 무중력 상태로 인해 뼈가 약화되거나 체액
과 관련된 현실적 문제가 발생하는 등 몇 가지 바람직하지
않은 생리학적 변화가 일어난다. 그러다 보니 행성이나 달에
인간을 위한 장기적인 베이스 캠프를 설치하고 싶어한다. 땅
을 파고 들어가면 열 절연 상태를 이룰 수도 있고 유성과 우
주선(cosmic ray)으로부터 보호를 받을 수도 있다. 행성이나
위성은 외계 인류 커뮤니티가 지구로부터 독립해서 자급자
족을 해야 할 때에 필요한 자원의 공급원이 될 수도 있다.

인간 우주 이민단이 태양계 안에서 정착할 수 있는 곳은
어디일까? 가장 뻔해 보이는 곳은 달이다. 달은 가깝고 상대
적으로 착륙하기도 쉽다. 우리는 이미 달에 착륙한 적이 있
으며 버기를 타고 달 위를 달린 적도 있다. 반면에 달은 너무
작고, 지구와는 달리 대기도 없으며 태양 복사 입자를 굴절
시켜줄 자기장도 없다. 북극과 남극의 크레이터 안에 얼음이
있을 수는 있겠지만 기본적으로는 물이 없다. 달 탐사단은
이 얼음을 산소 공급원으로 사용할 수 있을 것이다. 여기에
필요한 에너지는 핵 에너지나 태양광 패널에서 얻으면 된다.
달은 나머지 태양계 여행에서 베이스 캠프의 역할을 할 수

우리는 우주를 식민지로 만들어야 하는가?

있을 것이다.

그다음 목적지는 화성이 될 것이다. 화성은 지구와 태양 사이보다 약 50퍼센트 정도 더 멀고, 따라서 태양으로부터의 온기도 지구의 절반 정도만 받는다. 화성에도 한때는 자기장이 있었지만 40억 년 전에 소멸되었고, 현재는 태양 복사로부터 보호할 아무런 보호 장치도 없다. 이 때문에 화성의 대기는 대부분 날아가버렸고, 남은 것은 지구 대기 압력의 고작 1퍼센트 정도이다. 그러나 흘러넘친 운하와 말라버린 호수처럼 보이는 지형이 있는 것을 볼 때 과거에는 대기압이 훨씬 더 높았던 것 같다. 현재 화성 표면에는 액체 상태의 물이 존재할 수 없다. 물은 진공에 가까운 상태에서 증발되기 때문이다.

이 모든 것을 종합해보면 화성에 따뜻하고 습했던 시기가 있었으며, 그 시기에 자생적으로든 아니면 범종설(우주의 다른 어느 곳에서 생명체가 날아왔다는 가설이다)에 의해서든 생명체가 등장했을 수도 있음을 암시한다. 현재 화성에는 생명체의 징후가 없지만, 한때 생명체가 존재했다는 증거를 찾을 수 있다면, 그것은 적당한 조건의 행성 위에서 생명체가 발달할 확률이 상당히 높다는 것을 가리키는 것이다. 그러나 이와는 별개로 지구에서 가져간 생명체로 행성을 오염시키지 않도록 주의해야 한다. 마찬가지로 화성의 생명체도 지구로 가지고 돌아오지 않도록 신중을 기해야 한다. 우리는 외계 생명체에 대해서 아무런 면역력이 없으므로 그랬다가는 지구 위의 생명체가 송두리째 사라질지도 모른다.

NASA는 1964년 마리너 4호를 시작으로 여러 대의 궤도선을 화성에 보내 행성을 탐사했다. 가장 최근에 발사된 것은 화성 정찰위성이었다. 이 궤도선들을 통해서 깊은 도랑과 태양계에서 가장 높은 산맥들이 공개되었다. NASA는 또한 여러 대의 탐사선을 화성 표면에 착륙시켰는데, 가장 최근에는 두 대의 화성 탐사 로봇이 화성에 착륙했다. 이 로봇들은 건조한 사막 풍경 사진을 보내왔다. 화성에서도 달에서처럼 극지의 얼음으로부터 물과 산소를 얻을 수 있을 것이다. 화성에는 화산 활동도 있었다. 이로 인해서 지면에 화성 개발단이 활용할 수 있는 광물과 금속이 존재한다.

달과 화성은 태양계 안에서 우주 개발 탐사대가 머무를 수 있는 가장 적합한 장소이다. 수성과 금성은 너무 뜨겁고, 목성과 토성은 고체 표면이 없는 거대 가스 행성이다. 화성의 위성들은 매우 작으며 화성 자체에는 전혀 이점이 없다. 목성과 토성의 위성들 중 일부는 개발이 가능할 수도 있겠다. 목성의 위성인 유로파의 표면은 얼음으로 덮여 있다. 그러나 그 아래에 물이 있어서 생명체가 발달했을 수도 있다. 그렇다면 그것을 어떻게 알아낼 수 있을까? 유로파에 착륙해서 구멍을 뚫어야 하는가?

토성의 위성인 타이탄은 우리 달보다 더 크고 무거우며 짙은 대기층이 있다. NASA의 카시니-하위헌스 미션과 유럽 우주기구가 타이탄에 탐사선을 착륙시켰고, 탐사선은 타이탄 표면의 사진을 보내왔다. 그러나 그곳은 태양에서 굉장히 멀리 떨어져 있어 매우 춥다. 그리고 나는 액체 메탄 호수 옆에서 살고 싶은 마음은 전혀 없다.

그럼 아예 대담하게 태양계 밖으로 나가보는 것은 어떨까? 관측 결과로 보면 별들 중 상당수는 주위에 위성을 거느리고 있다. 현재로서는 목성과 토성 정도 크기의 거대 행성만 탐지할 수 있지만, 그런 행성들은 지구 같은 위성을 동반하고 있으리라고 합리적인 가정을 할 수 있다. 그중 일부는 골디락스 지대(Goldilocks zone) 안에 있을 것이다.

골디락스 지대란 표면에 액체 상태의 물이 존재할 수 있을 만큼 별과 적절한 거리를 유지하는 범위를 말한다. 지구에서 30광년 안쪽에는 약 1,000개의 별이 있다. 그중 1퍼센트가 골디락스 영역 안에 지구 크기의 행성을 가지고 있다면, 우리가 갈 수 있는 신세계 후보지는 10개가 된다.

호킹의 빅 퀘스천에 대한 간결한 대답

프록시마 b를 예로 들어보자. 이 태양계외 행성은 그래도 지구에서 가장 가깝지만 4.5광년이나 떨어져 있다. 프록시마 b는 알파 센타우리 태양계 안의 프록시마 센타우리 별 주위의 궤도를 돌고 있으며, 최근의 연구 결과에 따르면 지구와 유사한 점이 있다고 한다.

이런 후보지로의 여행은 아마도 오늘날의 기술로는 불가능하겠지만, 상상력을 동원하면 성간(星間) 여행을 향후 200년에서 500년 사이의 장기적 목표로 삼을 수 있다. 로켓의 속도는 두 가지에 의해서 결정되는데, 배기 속도와 로켓이 가속하면서 잃게 되는 질량의 비중이다.

지금까지 사용해온 화학적 로켓의 배기 속도는 대략 초속 3킬로미터 정도이다. 그리고 질량의 30퍼센트를 버림으로써 로켓은 초속 500미터의 속도에 도달했다가 다시 느려진다. NASA에 따르면 화성까지 가는 데에는 대략 열흘 정도의 오차를 감안하더라도 260일밖에 걸리지 않으며, NASA의 어느 과학자들은 130일까지도 가능하다고 예측하고 있다. 그러나 가장 가까운 행성계에 도달하는 데에는 300만 년이 걸린다. 더 빨리 가려면 화학적 로켓에 의해서 가능한 것보다 훨씬 더 빠른 배기 속도, 그러니까 빛의 속도 그 자체에 도달해야 한다. 후면부에서 강력한 빛의 빔을 쏘면 우주선이 앞으로

우리는 우주를 식민지로 만들어야 하는가?

날아가게 할 수 있다. 핵융합 과정에 의해서 우주선의 질량 에너지의 1퍼센트를 얻을 수 있으며, 이것으로 빛의 속도의 10분의 1까지 가속시킬 수 있다. 하지만 이 정도 차원을 넘어서 물질-반물질의 소멸 또는 완전히 새로운 형태의 에너지가 필요할 것이다.

사실 알파 센타우리까지의 거리는 어마어마하게 멀어서 인간의 생애 안에 그곳에 도달하려면 우주선에 은하계 안의 모든 별의 질량을 합친 양만큼의 연료를 싣고 가야 한다. 다시 말해서 현재의 기술로는 성간 여행은 완전히 비현실적인 이야기이다. 알파 센타우리는 결코 휴가철에 놀러 갈 수 있는 곳이 되지 못한다.

그러나 상상력과 기발함 덕택에, 이런 현실을 바꿀 기회가 생겼다. 2016년에 나는 유리 밀너라는 기업가와 협력하여 브레이크스루 스타샷(Breakthrough Starshot)이라는 장기적 연구 및 개발 프로그램을 출발시켰다. 이 프로그램은 성간 여행을 현실로 구현하는 것이 목적이다. 만일 우리가 성공한다면 지금 살아 있는 사람들이 세상을 뜨기 전에 알파 센타우리로 탐사선을 보낼 수 있을 것이다. 이 이야기는 잠시 뒤에 더 다루겠다.

이 여행을 어떻게 시작할 것인가? 지금까지 우리의 탐사

호킹의 빅 퀘스천에 대한 간결한 대답

는 공간적으로 가까운 우주에 국한되어 있었다. 40년이 지난 지금, 우리의 가장 용감무쌍한 탐사선인 보이저 호는 성간 공간에 막 진입했다. 보이저의 속도는 초속 17.7킬로미터이며, 이 속도로 알파 센타우리에 도달하려면 약 7만 년이 걸린다. 알파 센타우리는 4.37광년, 그러니까 25조 마일 정도 떨어져 있다. 지금 이 순간 알파 센타우리에 무엇인가가 살고 있다면, 그들은 도널드 트럼프의 취임에 대해서 전혀 모른채로 더없이 행복하게 살고 있을 것이다.

우리가 새로운 우주 시대에 진입하고 있다는 사실은 분명하다. 최초의 민간 우주비행사는 선구자들이 될 것이고, 최초의 민간 우주여행은 대단히 비쌀 것이다. 그러나 시간이 흐르면 지구에 사는 사람들 중 대부분이 우주여행을 할 수 있게 되는 것이 나의 소망이다. 점점 더 많은 사람들이 우주로 나가게 되면, 지구 위에서의 우리의 지위와 지구를 관리하는 관리자로서의 책임에 새로운 의미를 부여하고 우주 안에서의 우리의 현재와 미래를 인식하는 데에 도움이 될 것이다. 그리고 나는 우리의 궁극적인 운명이 우주에 있다고 믿는다.

브레이크스루 스타샷은 바깥 우주 공간으로 첫 진출을 하려는 시도로서 인간에게 주어진 진정한 기회이며, 동시에 우

우리는 우주를 식민지로 만들어야 하는가?

주 개발의 가능성을 가늠하고 탐사할 기회이기도 하다. 이것은 개념 증명 임무이며 세 가지 개념을 기반으로 하여 가동된다. 즉 소형 우주선, 빛 추진 그리고 위상 동기 레이저이다. 기능적 차원의 우주 탐사선 스타칩은 몇 센티미터 크기로 축소되어 빛의 돛(light sail)에 붙게 된다. 이 빛의 돛은 메타 물질로 제작되며, 기껏해야 몇 그램 정도밖에 되지 않는다. 우리의 구상은 1,000대의 스타칩과 빛의 돛, 나노크래프트를 궤도로 보내는 것이다. 지상에서는 킬로미터 단위의 레이저 배열이 하나로 결합되어 대단히 강력한 빛살을 만든다. 이 빛살은 대기를 통해서 쏘아 올려지며, 수십 기가와트의 힘으로 우주 공간에서 빛의 돛을 때린다.

이 획기적인 구조물의 핵심 아이디어는 빛살에 태워진 나노크래프트인데, 이와 비슷하게 아인슈타인은 열여섯 살 때 빛살을 타는 것을 꿈꿨다. 나노크래프트의 속도는 정확히 빛의 속도 정도는 아니고 대략 5분의 1 정도, 즉 시속 1억 마일(또는 시속 1억6,000만 킬로미터) 정도 된다. 이런 속도라면 화성에는 한 시간도 안 되어 도착할 수 있고, 명왕성에는 며칠 안에 도달하며, 일주일 안에 보이저를 지나쳐 20여 년 후에는 알파 센타우리에 도착한다. 일단 그곳에 가면 나노크래프트는 행성계 안에서 발견되는 행성의 사진을 찍을 수도 있고, 자기장과 유기 분자들을 시험하고 그리고 다른 레이저 빔을 사용하여 데이터를 지구로 보낼 수도 있다. 이 미세한 신호는 나노크래프트를 보낼 때에 사용된 것과 같은 레이저 배열에 의해서 수신하며, 데이터의 귀환은 대략 4년 정도가 걸릴 것으로 추정된다. 더욱 중요한 것은 스타칩의 궤도가 프록시마 b에 아주 근접하여 지나가는데, 프록시마 b는 지구 크기의 행성이며 호스트 행성인 알파 센타우리를 중심으로 사람의 거주가 가능한 영역 안에 자리잡고 있다. 2017년에 브레이크스루와 유럽 남부 천문대는 향후 알파 센타우리에서 거주 가능한 행성을 탐색하기 위해서 협력했다.

브레이크스루 스타샷 프로젝트는 이차 목표가 있다. 태양계를 탐사하고 태양 주위를 돌며 지구 궤도와 교차하는 소행성을 탐지하는 것이다. 여기에 더하여, 독일의 물리학자 클라우디우스 그로스는 이 기술을 일시적 거주만이 가능한 외계행성(exoplanet : 태양계 바깥에 있는 항성 주위를 도는 행성/역주)에 단세포 미생물의 생물권을 구축하는 데에도 사용할 수 있을 것이라고 제안했다.

지금까지는 모든 것이 가능하다. 물론 여러 가지 거대한 도전 과제가 있다. 기가와트 출력의 레이저가 미는 힘은 겨우 수 뉴턴에 불과하다. 그러나 나노크래프트의 무게는 몇

우리는 우주를 식민지로 만들어야 하는가?

민간 우주여행의 시대가 오고 있습니다. 그것이 우리에게 어떤 의미가 있다고 생각하십니까?

나는 우주여행을 고대합니다. 표가 있다면 제일 먼저 사고 싶습니다. 나는 향후 100년 안에 외계행성을 제외한 태양계 어느 곳이든 여행할 수 있을 것이라고 기대합니다. 그러나 별들로 떠나는 여행은 좀더 오래 걸릴 것입니다. 나는 대략 500년 정도로 예상하는데, 그 무렵이면 지구 인근 별들 중 일부를 방문하게 될 것입니다. 「스타 트렉」 같은 것은 아닐 것입니다. 우리는 그런 초고속으로는 여행할 수 없습니다. 그러므로 왕복 여행은 적어도 10년, 어쩌면 그보다 더 오래 걸릴 수도 있습니다.

그램에 불과하기 때문에 약한 힘을 보상할 수 있다. 공학 기술에서의 도전들도 꽝장하다. 나노크래프트는 극단적인 가속, 추위, 진공과 양성자들뿐만 아니라 우주 쓰레기 파편과의 충돌에서도 살아남아야 한다. 뿐만 아니라 합계 출력이 100기가와트에 이르는 여러 대의 레이저의 초점을 태양 돛에 맞추는 것도 난기류 때문에 쉽지 않을 것이다. 수백 대의 레이저에서 나온 빛이 대기의 요동을 뚫고 나가 합쳐지게 하려면 어떻게 해야 할까? 또 소각되는 일이 없이 나노크래프트를 추진시키려면 어떻게 해야 하며, 나노크래프트를 정확한 방향으로 겨냥하려면 또 어떻게 해야 할까? 그리고 나면 나노크래프트를 얼어붙을 만큼의 차가운 진공에서 20년간 작동시켜야 한다. 그래야 나노크래프트가 4광년을 건너 우리에게 신호를 돌려보낼 수 있다.

그러나 이런 것들은 공학적인 문제이고, 엔지니어들의 도전 과제들은 결국에는 해결되는 경향이 있다. 기술이 성숙하게 되면 다른 흥미로운 임무들도 상상해볼 수 있다. 출력이 더 낮은 레이저 배열들을 가지고도 다른 행성, 태양계 바깥, 또는 성간 공간으로의 여행 시간을 엄청나게 단축시킬 수 있다.

물론 사람이 탑승할 수 있을 만한 크기로 선체가 커진다고 해도 유인 성간 여행이 될 수는 없을 것이다. 이 여행은 멈출

우리는 우주를 식민지로 만들어야 하는가?

수가 없다. 그러나 인간의 문명이 성간에 진입하는 순간, 바로 그때가 드디어 우리가 은하계 안으로 진입하는 순간이 될 것이다. 그리고 만일 브레이크스루 스타샷이 우리와 가장 가까운 궤도 위의 거주 가능한 행성 사진을 보내올 수 있다면, 그것은 인류의 미래에 굉장히 중요한 사건이 될 것이다.

결국 나는 다시 아인슈타인에게로 돌아오게 된다. 알파 센타우리 계에서 행성을 발견한다면, 빛의 속도의 5분의 1만큼의 속도로 움직이는 카메라가 찍은 사진은 특수상대성이론의 효과 때문에 살짝 일그러져 있을 수 있다. 이런 효과를 보여줄 만큼 빠르게 날아가는 우주선은 아마 인류 최초의 사건이 될 것이다. 사실 아인슈타인의 이론은 이 미션 전체에서 가장 핵심적인 이론이다. 이 이론이 없었다면 레이저도 없었을 것이고, 로켓 유도, 빛의 속도의 5분의 1 속도에서의 이미지 촬영과 25조 마일 이상의 거리로 데이터를 전송하기 위한 계산을 수행할 능력도 없었을 것이다.

우리는 빛살에 올라타는 것을 상상했던 열여섯 살 소년의 꿈과 우리의 꿈 사이에 작은 오솔길이 나 있는 것을 보고 있다. 우리는 그 꿈이 현실이 되도록 계획하고 있고, 우리 자신의 빛살을 타고 저 먼 별로 나아가려 하고 있다. 우리는 새로운 시대의 문턱에 서 있다. 인간의 행성 개발은 더 이상 과학소설의 내용이 아니다. 이제는 과학적 사실이 될 수 있다. 인류는 약 200만 년 동안 독립된 종으로서 존재해왔다. 문명은 대략 1만 년 전에 시작되었고, 그 발전 속도는 꾸준히 증가하고 있다. 만일 인류가 앞으로 100만 년 동안 더 생존한다면, 우리의 미래는 이전에 그 누구도 가본 적이 없는 곳에 대한 대담한 탐험에 달려 있을 것이다.

나는 최선을 소망한다. 그래야 한다. 우리에게는 다른 조건이 없다.

우리는 우주를 식민지로 만들어야 하는가?

9

인공지능은 우리를 능가할 것인가?

지능은 인간됨의 핵심이다. 문명이 제공하는 것은 모두 사실상 인간 지능의 산물이다.

DNA는 생명의 청사진을 다음 세대에게 전달한다. 복잡한 형태의 생명체들은 눈이나 귀 같은 감각 기관에서 얻은 정보를 입력하고, 뇌나 기타 기관에서 정보를 처리해서 어떻게 행동할지를 판단한 후, 근육 같은 기관으로 신호를 보내서 행동을 한다. 138억 년 동안 이어지던 우주 역사의 어느 한 순간에 아름다운 일이 일어났다. 이 정보 처리가 대단히 멋지게 이루어지면서 생명체는 의식을 가지게 되었다. 우리의 우주는 깨어났고, 스스로를 인지하게 되었다. 나는 한낱 우주의 먼지일 뿐인 우리가 자신이 사는 우주를 상세히 이해하게 된 이 사건이 놀라운 승리라고 생각한다.

나는 지렁이의 뇌의 활동과 컴퓨터의 연산 사이에 특별한 차이가 없다고 본다. 또한 지렁이의 뇌와 인간의 뇌 사이에

인공지능은 우리를 능가할 것인가?

질적인 차이가 없다는 것을 진화를 통해서 확인할 수 있다고 믿는다. 그러므로 컴퓨터도 원칙적으로는 인간의 지능을 모방할 수 있으며, 어쩌면 그보다 더 나아질 수도 있다는 결론이 나온다. 자기 조상보다 더 높은 지능을 가지는 것은 얼마든지 가능한 일이다. 우리는 유인원을 닮은 우리의 선조보다 더 똑똑하게 진화했으며, 아인슈타인도 그의 부모보다 더 똑똑했다.

만일 컴퓨터가 무어의 법칙을 따라 속도와 메모리 용량이 18개월마다 2배씩 계속 증가한다면, 지능 면에서 향후 100년 내에 인간을 따라잡을 가능성도 있다. 인공지능(AI, Artificial Intelligence)이 인간보다 인공지능 설계를 더 잘 하게 되면, 그래서 인간의 도움 없이 반복적으로 스스로를 계속 개선시킬 수 있다면, 결국에는 지능의 폭발이 일어나게 되고 달팽이 속도로 발전하는 인간의 지능을 기계의 지능이 추월하는 결과를 맞이하게 될 것이다. 그런 일이 일어나면, 컴퓨터가 우리와 일치하는 목표를 가지도록 신중을 기해야 할 것이다. 고도의 지능을 가진 기계 같은 것은 과학소설에나 나오는 얘기라며 무시하고 싶은 유혹이 들겠지만, 이를 무시했다가는 실수를 저지르는 꼴이 될 것이고, 어쩌면 인류 최악의 실수가 될 가능성도 있다.

지난 20여 년 동안, AI 연구는 지능형 에이전트 구축과 관련된 문제들에 집중되어 있었다. 지능형 에이전트란 특정 환경을 인지하고 이에 대해서 작용하는 시스템을 말한다. 이런 맥락에서 볼 때, 지능은 통계적, 경제적 개념의 합리성과 연관되어 있다―쉽게 말해서 좋은 판단과 계획, 추론을 할 수 있는 능력이라는 뜻이다. 이러한 최근 연구 결과에 따라 AI, 머신 러닝, 통계학, 제어 이론, 신경과학 그리고 그밖의 여러 분야 사이에서 대규모 통합과 상호 교류가 일어났다. 이렇게 공유를 통해서 구축된 이론적 기틀은 데이터 수집 및 처리 능력과 결합되었으며, 음성인식, 화상 분류, 자율 주행 자동차, 기계번역, 기계의 다리 보행, 문답 시스템 등 다양한 요소들의 과제에서 놀랄 만한 성공을 일구어냈다.

이러한 분야들에서 거둔 발전이 실험실 연구 단계에서 시작하여 경제적 가치를 지닌 기술로 이전하면서 선순환이 이루어지게 된다. 성능이 조금만 개선되어도 엄청난 액수의 금전적 가치를 가지게 되며, 이후 연구에 더 많은 투자를 유치하는 효과를 낳는다. 현재는 AI 연구가 꾸준히 진행되면서 사회에 미치는 영향이 점차 커지리라는 광범위한 합의가 형성되어 있다. 잠재적인 혜택은 엄청날 것이며, 이 지능이 AI가 제공할 도구들에 의해서 확장될 경우 우리가 어디까지 성

인공지능은 우리를 능가할 것인가?

취할 수 있을지 그 끝은 예상할 수 없다. 질병과 가난을 없애는 일도 가능할 것이다. AI는 엄청난 잠재력을 가지고 있기 때문에, 발생할 수 있는 위험을 최대한 피하면서 AI가 가져올 혜택을 효과적으로 수확할 방법을 연구하는 것은 매우 중요하다. AI 창조의 성공은 인류 역사에서 가장 거대한 사건이 될 것이다.

그러나 불행히도 위험을 피할 방법을 우리가 배우지 못한다면, 이 사건이 인류의 마지막 사건이 될지도 모른다. AI를 하나의 도구로서 사용한다면 기존의 지능을 증폭시켜 과학과 사회 전 분야가 개선되는 효과를 보게 될 것이다. 그러나 AI는 위험성도 가지고 있다. 현재까지 개발된 원시적 형태의 인공지능이 대단히 유용하다는 점은 입증되었지만, 나는 인간과 대등하거나 인간을 압도할 무엇인가가 창조되었을 때의 결과가 두렵다.

가장 우려되는 점은 AI가 스스로 독립하여 경이로운 속도로 스스로를 재설계하는 것이다. 느린 생물학적 진화의 제약 안에 갇혀 있는 인간은 이런 AI와 경쟁할 수 없으며 결국에는 AI에게 밀려날 것이다. 그리고 미래의 AI는 우리의 의지와 충돌하는 자신만의 의지를 개발하게 될 것이다. 어떤 사람들은 인간이 앞으로 한동안 기술 발전의 속도를 제어할 수

호킹의 빅 퀘스천에 대한 간결한 대답

있으며, 인류가 직면한 문제들 중 여러 가지를 해결할 수 있는 AI의 잠재성이 실현될 것이라고 믿고 있다. 인류 문제에서는 나도 만만치 않은 낙관주의자로 알려져 있지만, 나는 그런 확신은 서지 않는다.

단기적으로 볼 때, 전 세계 군대들은 목표물을 스스로 선택하고 제거할 수 있는 자동 무기 시스템의 개발을 위한 군비 확장 경쟁을 고려하고 있다. UN에서 그런 무기를 금지하는 조약을 논의하고는 있지만, 자동화 무기의 지지자들은 가장 중요한 문제를 잊고 있다.

그러한 군비 확충 경쟁의 끝은 어디이며, 그것이 과연 인류에게 바람직한 일인가? 저렴하고 성능 좋은 AI 무기가 내일의 칼라시니코프(자동 소총의 일종/역주)가 되어 암시장에서 범죄자들과 테러리스트들에게 마구잡이로 팔리는 상황을 정말로 바라는 것인가? 우리에게 지금보다 훨씬 더 발전된 AI 시스템을 장기적으로 유지 관리할 능력이 과연 있을지 우려되는 현 시점에서, AI 시스템을 무장시키고 그것에 대한 방어 체계를 구축하는 것이 과연 옳은 일인가? 2010년에 컴퓨터로 운용되는 거래 시스템이 주식시장의 플래시 크래시(시장 지수의 순간적 폭락. 대개는 직원의 조작 실수로 일어나는 폭락을 뜻한다/역주)를 일으킨 적이 있다. AI에 대한 방어 영

인공지능은 우리를 능가할 것인가?

역에서 컴퓨터가 일으키는 붕괴는 과연 어떤 모습일까? 자동화 무기 군비 확충 경쟁을 중단할 최선의 타이밍은 바로 지금이다.

중기적 관점에서 보면, AI는 우리의 일자리를 자동화함으로써 거대한 번영과 평등을 가져올 수 있다. 좀더 멀리 내다보면, 기본적으로 아무 제약 없이 모든 것을 달성할 수 있다. 인간의 뇌가 더 발전된 연산을 수행하도록 뇌 속의 입자들을 재배열하는 것을 막을 물리적 법칙은 없다. 따라서 폭발적인 전이가 일어날 것이고, 그 결과는 아마도 영화 속에서와는 완전히 다를 것이다.

수학자인 어빙 굿은 1965년에 초인적 지능을 가진 기계는 반복적으로 자신의 설계를 더욱 향상시킬 수 있을 것이라고 말했다. 과학소설 작가 버너 빈지는 이것을 기술적 특이점(technological singularity)이라고 불렀다. 금융시장을 압도하고, 인간 연구자들을 능가하고, 인간 지도자들을 조종하고, 어쩌면 우리가 이해조차 할 수 없는 무기로 우리를 제압할 그런 기술을 상상할 수도 있다. AI의 단기적 영향력은 누가 통제권을 가지느냐에 달려 있는 반면, 장기적 영향력은 그것이 애초에 통제될 수 있기는 한 것인지에 달려 있다.

간단히 말해서 초고도 지능을 가진 AI의 출현은 인류에게

일어난 사건들 중 최고의 또는 최악의 사건이 될 것이다. AI
의 진짜 위험성은 적개심이 아니라 일처리 능력이다. 초고도
지능의 AI는 자신의 목표를 달성하는 데에 극단적으로 능숙
할 텐데, 만일 AI의 목표와 인간의 목표가 일치하지 않는다
면 우리는 곤란한 지경에 처하게 될 것이다.

아마 독자 여러분은 적개심을 가지고 개미를 마구 짓밟는
사악한 개미 혐오자는 아니겠지만, 만일 여러분이 수력 전기
발전 재생 에너지 프로젝트 책임자인데, 수몰 예정 지역에
개미탑이 있다면 거기에 사는 개미로서는 딱한 노릇이 아닐
수 없다. 인류를 그 개미의 입장에 처하게 하지 말자. 우리는
미리 계획을 세워야 한다.

어느 우월한 외계 문명이 우리에게 '수십 년 안에 그곳에
도착할 것이다'라는 메시지를 보낸다면, 고분고분하게 '좋습
니다. 도착하면 전화 주세요. 불을 켜놓고 기다릴 테니까요'
라고 답장을 보내겠는가? 아마도 아닐 것이다. 그런데 지금
AI에 대해서 우리는 이와 비슷하게 대처하고 있다. 이런 문
제를 진지하게 연구하는 사람들은 지금까지는 소수의 비영
리 기관 말고는 별로 없었다.

다행히도 지금은 변화의 바람이 불고 있다. 기술 선구자인
빌 게이츠, 스티브 워즈니악, 엘론 머스크가 나의 우려를 함께

공감하고 있으며, AI 연구자 커뮤니티 안에서도 위기 평가와 사회적 영향에 대한 인식이 뿌리 내리기 시작했다. 2015년 1월에 나는 엘론 머스크와 수많은 AI 전문가들과 함께 인공지능이 사회에 미칠 영향에 관한 진지한 연구를 촉구하는 내용의 인공지능 관련 공개서한에 서명했다. 과거에 엘론 머스크는 초인적인 인공지능이 무수한 이익들을 가져올 수 있지만, 부주의하게 사용될 경우 인류에 부정적인 영향을 미칠 것임을 경고한 바 있다.

이번 공개서한의 초안을 작성한 생명의 미래 연구소는 인류가 직면한 실존적 위험을 완화하기 위해서 연구하는 단체이며, 엘론과 내가 과학자문위원회 위원으로 소속되어 있다. 이 서한은 AI가 우리에게 가져다줄 잠재적 이익을 거두는 동시에 발생할 수 있는 문제들을 예방하기 위한 지속적 연구를 촉구하고, AI 연구자들과 개발자들이 AI의 안전성을 좀더 고민할 것을 요구하는 내용으로 작성되었다.

덧붙여 말하면, 이 서한은 정책 입안자들과 일반인들에게 충분한 정보를 제공하기 위한 것이지 불필요한 우려를 자아내려는 것은 아니었다. AI 연구자들이 이러한 걱정과 윤리적 문제를 심각하게 고민하고 있음을 모든 사람들이 아는 것이 대단히 중요하다고 생각한다. 예를 들면 AI는 질병과 가난을 종식시킬 가능성을 가지고 있지만, 그전에 먼저 연구자들이 통제가 가능한 AI를 만들도록 연구해야 한다.

2016년 10월에 나는 케임브리지에 새로운 연구소를 개설했다. 이 연구소의 목적은 AI 연구의 급속한 발전으로 인해서 제기되는 전면적 문제들 중 일부를 해결할 방법을 모색하는 것이다. 레버흄 미래 지식 센터(Leverhulme Centre for the Future of Intelligence)는 여러 학문 분야들을 아우르는 종합 연구소인데, 인간의 문명과 미래에 결정적인 열쇠를 쥐고 있는 지능의 미래를 집중적으로 연구한다. 우리는 역사 연구에 상당한 시간을 들이고 있는데, 솔직히 말하자면 인간의 역사는 대부분 어리석음의 역사였다. 따라서 과거 대신에 지능의 미래를 연구하는 것은 환영할 만한 변화이다. AI의 잠재적 위험성은 물론 잘 알고 있지만, 어쩌면 이 새로운 기술 혁명의 도구들을 활용하여 산업화 과정에서 자연에 가한 피해들 중 일부를 원상태로 돌릴 수 있을지도 모른다.

최근의 AI 개발에는 로봇과 AI 제작을 통제하는 규제 초안을 마련하도록 하는 유럽 연합 의회의 요청도 포함되어 있다. 다소 놀라운 점은 뛰어난 능력의 발전된 AI에 대해서 전자적 인격권을 부여하고 그에 따른 권리와 의무를 지우자는 내용이 포함되어 있다는 것이다. 유럽 연합 의회의 대변인은 일

인공지능은 우리를 능가할 것인가?

상생활의 영역에서 로봇의 영향을 받는 경우가 점점 늘어감으로써, 로봇이 인간을 위해서 봉사하는 존재이며 앞으로도 그런 존재로 남아야 함을 분명히 명시해야 한다고 말했다.

유럽 연합 의회에 제출된 보고서에서는 세계가 새로운 로봇 산업 혁명의 문턱에 서 있다고 선언했다. 보고서는 법인에게 법적 권한을 부여하는 것과 동일 선상에서 전자 인간으로서의 로봇에게 법적 권한을 주는 것이 허용될 수 있는지를 검토한다. 그러나 동시에 연구자들과 설계자들이 모든 로봇 설계에 자폭 스위치를 포함시켜야 한다는 것을 강조하고 있다.

스탠리 큐브릭의 「2001 스페이스 오디세이」에서 고장 난 로봇 컴퓨터 핼과 함께 우주선에 탔던 과학자들에게 자폭 스위치는 큰 도움이 되지 못했다. 하지만 이 이야기는 허구였다. 우리가 다루는 것은 현실이다. 다국적 로펌인 오스본 클라크의 컨설턴트인 로나 브라젤은 한 보고서에서 인간이 고래와 고릴라에게도 인격을 부여하지 않으면서 곧장 로봇의 인격으로 건너뛸 필요는 없다고 말했다. 그러나 이는 신중하게 접근해야 할 문제이다. 보고서는 수십 년 안에 AI가 인간의 지적 능력을 넘어서며 인간 – 로봇 관계에 도전할 가능성이 있음을 인정하고 있다.

2025년까지 세계에는 거주자가 1,000만 명 이상인 메가 시티가 30개가량 있을 것이다. 이 사람들이 모두 원하는 시간에 상품과 서비스를 받고 싶어한다면, 빠른 상거래에 대한 우리의 갈망에 발맞출 수 있도록 기술이 도와줄 수 있을까? 확실히 로봇은 온라인 상거래의 속도를 높여줄 것이다. 그러나 쇼핑 혁명을 일으키려면 모든 주문에 대하여 당일 배송이 될 만큼 속도가 빨라야 한다.

물리적으로 직접 나설 필요 없이 세상과 교류할 기회는 점점 더 빠르게 늘고 있다. 아마도 상상이 가겠지만, 나에게는 무척이나 매력적인 일이다. 특히 우리가 사는 도시에서의 생활은 정신없이 바쁘기 때문에 그 기회는 더욱 매력적으로 다가온다. 내가 하는 일의 부담을 덜 수 있도록 나와 꼭 닮은 사람이 있었으면 좋겠다고 늘 바라오지 않았던가? 현실에서의 디지털 대리인을 만들겠다는 생각은 꽤 야심찬 꿈이지만, 최근의 기술을 보면 그것이 그렇게까지 믿기지 않는 일까지는 아닌 것 같다.

내가 젊었을 때에는 기술 발전을 통해서 미래에 여가시간을 더 많이 즐길 수 있으리라고 기대했다. 그러나 실제로는 기술이 더 많이 발전할수록 우리는 점점 더 바빠지고 있다. 우리가 사는 도시들은 이미 우리의 능력을 확장시킬 수 있는 기계들로 가득 차 있지만, 우리가 두 군데에 동시에 존재하

인공지능은 우리를 능가할 것인가?

는 것과는 비교도 되지 않을 것이다. 이미 우리는 자동응답기와 안내 방송의 합성 목소리에 익숙하다. 발명가인 대니얼 크래프트는 시각적인 인간 복제에 대해서 연구 중이다. 문제는 우리의 아바타가 얼마나 설득력이 있을 수 있는가이다.

대화형 개인교사는 대형 공개 온라인 강좌(MOOC)나 엔터테인먼트에서 유용성을 입증할 수 있을 것이다. 그것은 정말로 흥미진진할 것이다—영원토록 젊고 불가능한 스턴트도 척척 해낼 수 있는 디지털 배우를 상상해보라. 미래의 우상들은 어쩌면 실물이 아닐지도 모른다.

디지털 세계에 접속하는 방법은 우리가 미래에 만들어갈 발전의 핵심 열쇠이다. 가장 스마트한 도시의 가장 스마트한 집은 인간이 거의 노력을 들이지 않고도 상호작용을 할 수 있는 직관적인 장치들을 갖추고 있을 것이다.

타자기가 발명되면서 인간은 자유롭게 기계와 상호작용할 수 있게 되었다. 그로부터 거의 150년이 흐른 지금 터치스크린은 디지털 세상과 소통하는 새로운 방식의 문을 열었다. 최근 등장한 자율 주행 자동차나 알파고의 승리처럼 AI가 일으킨 획기적인 사건들은 앞으로 다가올 성취들의 전조이다. 이미 우리 삶의 큰 부분을 차지하고 있는 이런 기술들을 개발하는 데에 엄청난 규모의 투자가 이루어지고 있다.

이런 기술들은 향후 수십 년 내에 우리 사회 전면에 스며들어, 보건, 노동, 교육, 과학이 포함된 여러 분야에서 우리에게 지적으로 지원하고 조언해줄 것이다. 지금까지 보아온 성과들은 이후 수십 년 동안 이루어질 성취에 의해서 빛이 바랠 것이며, 우리의 사고방식이 AI에 의해서 증폭될 때 어디까지 성취할 수 있을지 예측하기란 불가능하다.

어쩌면 이 새로운 기술 혁명의 도구를 활용하여 인간의 삶을 더 낫게 만들 수 있을지도 모른다. 예를 들면 척수 손상으로 신체가 마비된 사람들의 회복을 도와줄 AI의 개발 연구가 진행 중이다. 이 기술은 실리콘칩을 환자의 몸에 삽입하여 두뇌와 몸 사이에 무선 전자 인터페이스를 구축함으로써 생각에 의해서 몸의 움직임을 통제하도록 하는 것이다.

나는 뇌와 컴퓨터 사이의 인터페이스가 커뮤니케이션의 궁극적인 미래라고 믿는다. 이를 가능하게 하는 방식에는 두가지가 있는데, 하나는 두개골 위에 전극을 부착하는 것이고 다른 하나는 그 속에 삽입하는 것이다. 부착 방식은 반투명 유리를 통해서 들여다보는 것과 비슷하고, 기능 면에서는 삽입이 확실히 더 낫지만 감염의 위험이 있다. 만일 인간의 뇌를 인터넷과 연결시킬 수 있다면, 뇌에 위키피디아의 내용 전부를 자료로 저장할 수도 있다.

인공지능은 우리를 능가할 것인가?

인공지능에 대해서 왜 그렇게 걱정을 하는 것일까요?
인간은 언제라도 플러그를 뽑을 수 있지 않을까요?

사람들이 컴퓨터에게 물었습니다. '신은 존재하는가?'
그러자 컴퓨터가 말했습니다. '이제는 존재합니다.'
그리고는 플러그를 녹여버렸습니다.

인간과 장치 그리고 정보가 서로 점점 더 긴밀히 연결되어 감으로써 세상은 더욱 빠르게 변화하고 있다. 연산 능력은 증가하고 양자 컴퓨터도 급속도로 연구되고 있다. 이러한 변화는 인공지능의 발전 속도를 지수함수적으로 증가시키는 대변혁을 일으킬 것이다. 그리고 이는 암호화의 발달을 불러올 것이다.

양자 컴퓨터는 모든 것을, 심지어 인간의 생체마저도 바꾸어놓게 될 것이다. 우리는 이미 DNA를 정확하게 편집할 수 있는 기술을 가지고 있는데, 이를 크리스퍼(CRISPR, clustered regularly interspaced short palindromic repeats)라고 부른다. 이 유전자 편집 기술의 기본은 박테리아의 면역 체계이다. 이 기술은 유전자 띠를 정확히 겨냥하여 편집할 수 있다. 유전자를 조작함으로써 과학자들이 유전자 돌연변이를 바로잡고 유전 질병을 치료하는 것이 유전자 조작의 최선의 목적일 것이다. 그러나 DNA 조작이 가진 잠재적 결과 중에는 이보다는 덜 고귀한 것도 많다.

인간이 유전공학을 이용하여 어디까지 갈 수 있을 것인지는 시급한 문제가 되어가고 있다. 유전공학은 운동 뉴런 질환—내가 앓는 근위축성 측삭 경화증 같은—을 치료할 좋은 잠재력도 가지고 있지만, 동시에 무시할 수 없는 위험성

인공지능은 우리를 능가할 것인가?

도 가지고 있다.

지능은 변화를 수용하는 능력으로 특징지을 수 있다. 인간의 지능은 변화하는 환경에 적응할 수 있는 능력을 가진 사람들에 대해서 여러 세대에 걸쳐 자연 선택이 일어난 결과이다. 우리는 변화를 두려워해서는 안 된다. 그리고 그 변화가 우리에게 유리하게 작용하도록 해야 한다.

우리와 다음 세대에게는 과학을 기초 단계부터 온전히 연구할 기회와 결의를 다짐으로써 우리의 잠재력을 실현하고 온 인류를 위해서 더 나은 세상을 만들어나가야 할 책임이 있다. 우리는 AI의 미래에 대한 이론적 토론을 넘어 더 많은 것을 배워야 하고 미래에 발생할 수 있는 상황들에 대해서 철저히 계획을 세울 수 있어야 한다. 우리 모두에게는 수용할 수 있는 것이나 예측 가능한 것의 경계를 밀어붙일 수 있는 잠재력이 있으며, 더 큰 생각을 품을 능력도 있다. 우리는 멋진 신세계의 문턱 위에 서 있다. 그곳에서의 삶은 흥미진진할 것이고, 어쩌면 위태로울지도 모른다. 우리는 모두 개척자들이다.

인간은 처음 불을 발명한 이래로 계속 문제를 일으키다가 결국 소화기를 발명했다. 핵무기, 합성 생물학 그리고 강력한 인공지능 같은 더 강력한 기술이 도래할 때마다 우리는

호킹의 빅 퀘스천에 대한 간결한 대답

한발 앞서 계획을 세우고 문제가 시작되기 전에 올바르게 바로잡겠다는 목표를 세워야 한다. 그것만이 우리가 가지게 될 유일한 기회이다. 우리의 미래는 기술의 발전 능력과 그것을 사용할 인간의 지혜 사이의 경쟁이다. 지혜가 이길 수 있도록 온 힘을 다하자.

인공지능은 우리를 능가할 것인가?

10
우리는 미래를 어떻게 만들어가야 하는가?

지금으로부터 100년 전쯤에 알베르트 아인슈타인은 우리가 이해하는 우주, 시간, 에너지, 물질에 대한 내용에 새로운 혁명을 일으켰다. 지금도 그의 예측들은 놀라운 증거에 의해서 확증되고 있는데, 이를테면 2016년의 라이고(LIGO) 실험에서 관측된 중력파가 그 예이다.

인간의 창의성을 생각할 때면 늘 아인슈타인이 떠오른다. 그의 창의적인 아이디어는 어디에서 왔을까? 아마도 직관, 참신함, 총명함 같은 여러 성질이 복합적으로 발현된 것이리라. 아인슈타인은 겉모습 너머를 보고 그 아래에 있는 구조를 밖으로 끄집어낼 수 있는 능력을 가졌다. 그는 모든 것은 보이는 대로의 방식을 따라야 한다는 일반 상식에 굴하지 않았다. 다른 사람들이 보기에는 터무니없는 아이디어를 추구할 용기가 그에게는 있었다. 그리고 이 모든 것이 그를 자유롭게 했고, 아인슈타인은 그의 시대와 이후 모든 시대를 통

우리는 미래를 어떻게 만들어가야 하는가?

틀어 가장 독창적인 천재가 되었다.

아인슈타인이 보여준 핵심은 상상력이었다. 그의 발견들 중 상당수는 사고실험에 의해서 우주를 새롭게 재해석하는 능력으로부터 나온 것이다. 열여섯 살 때 그는 빛살에 올라타는 것을 상상하면서, 빛살 위에서 보면 빛이 얼어붙은 파동처럼 보일 것이라고 생각했다. 이 이미지는 결국에는 특수상대성이론으로 이어졌다.

그로부터 100년 후, 오늘날의 물리학자들은 아인슈타인보다 우주에 대해서 훨씬 더 많은 것을 알고 있다. 우리에게는 새로운 발견을 위한 강력한 도구들, 이를테면 입자 가속기, 슈퍼컴퓨터, 우주 망원경 같은 장비도 있고, 중력파 연구를 위해서 라이고 실험 같은 것도 할 수 있다. 그럼에도 상상력은 여전히 인간의 가장 강력한 속성이다. 우리는 상상력을 이용하여 공간과 시간의 어느 곳이든 배회할 수 있다. 차를 운전할 때, 침대에서 코를 골 때 아니면 파티에서 지루한 사람의 얘기를 듣는 척할 때에도 자연의 가장 매혹적인 현상을 바라볼 수 있다.

어릴 때 나는 사물이 어떻게 작동하는지 굉장히 관심이 많았다. 그때에는 무엇이든 분해하기도 쉬웠고 기계의 작동 원리를 알아내는 것도 훨씬 더 쉬웠다. 조각조각 분해해놓은 장난감을 재조립하는 데에 항상 성공하지는 못했지만, 그래도 요즘 아이들보다는 당시의 내가 더 배운 것이 많았을 것이라고 생각한다. 요즘 아이들은 내가 했던 짓을 스마트폰을 가지고 하고 있을 테니 말이다.

지금도 내가 하는 일은 사물이 어떻게 작동하는지를 규명하는 것이다. 다만 그 규모가 커졌다. 이제는 더 이상 장난감 기차를 망가뜨리지 않는다. 그 대신에 물리 법칙을 이용하여 우주가 어떻게 돌아가는지를 규명하려고 노력하는 중이다. 사물의 작동 원리를 알면 그 사물을 제어할 수 있다. 이런 식으로 말하면 굉장히 단순한 얘기처럼 들릴 것 같다! 그러나 성인이 된 이후 거의 평생 동안 나는 이 복잡한 문제에 매료되고 전율하고 몰두하며 살아왔다. 나는 세상에서 가장 위대한 과학자들과 함께 연구했다. 나는 우주의 기원을 연구하는 우주론을 연구하기로 선택했고, 이 분야가 영광을 누렸던 시기를 살아서 무척 운이 좋은 사람이다.

인간의 마음이란 믿을 수 없을 만큼 대단한 것이다. 인간의 마음은 하늘의 장관을 품을 수도 있고 물질의 기본 요소가 보여주는 복잡함도 담을 수 있다. 그런데 사람의 마음이 가진 온전한 잠재력을 꽃피우기 위해서는 스파크가 필요하다. 의문과 경이의 스파크.

우리는 미래를 어떻게 만들어가야 하는가?

이런 스파크는 흔히 선생님에게서 온다. 내 경우를 조금 말해보겠다. 나는 가르치기 쉬운 학생은 아니었다. 읽기도 늦게 익혔고 내 손글씨는 엉망이었다. 그러나 열네 살 때 세인트 앨번스 학교에서 만난 디크란 타흐타 선생님은 내가 가진 에너지를 어떻게 활용할 수 있는지를 보여주셨으며, 수학에 대해서 창의적으로 생각할 수 있도록 용기를 북돋워주셨다. 그분은 수학을 우주 자체의 청사진으로서 생각할 수 있도록 내 눈을 뜨게 해주셨다. 특별한 사람 뒤에는 언제나 특별한 선생님이 있다. 우리들 한 사람 한 사람이 인생에서 이룰 수 있는 일들을 생각해볼 때, 그런 일을 할 수 있는 것은 바로 선생님 때문인 것이다.

그러나 오늘날의 교육, 과학, 기술, 연구는 이전의 그 어느 때보다도 위태로운 상태이다. 최근의 국제 금융 위기와 긴축 정책 때문에 과학 전 분야의 지원금이 상당히 감축되었으며, 특히 기초 과학이 심각하게 타격을 입었다. 우리는 또한 문화적으로 고립되고 배타적인 처지에 놓일 위험에 빠져 있으며, 발전으로부터 점점 더 멀어지고 있다. 연구 차원에서 보면, 사람들이 자유롭게 국경을 넘나들며 교류하게 될 때 기술이 더욱 신속하게 확산되고, 다양한 배경과 다양한 사고방식을 가진 새로운 사람들이 서로 만날 수 있는 기회를 가져

호킹의 빅 퀘스천에 대한 간결한 대답

오게 된다. 이런 환경에서 발전이 이루어지게 되는데, 현재는 이런 발전이 이루어지기 매우 어려운 상황이다. 불행히도 우리는 시간을 뒤로 돌릴 수 없다. 브렉시트와 트럼프가 이민 행렬과 교육의 개발에 압력을 가하고 있는 지금, 우리는 과학자들을 포함한 전문가들을 상대로 국제적인 저항이 생기는 것을 목격하고 있다. 그렇다면 과학 기술 교육의 미래를 굳건히 다지기 위해서 우리는 무엇을 할 수 있을까?

다시 타흐타 선생님 얘기로 돌아가보겠다. 교육의 미래는 학교 그리고 학생들의 의욕을 고취시키는 선생님들에게 달려 있다. 그러나 학교는 기초 체계만을 전달할 수 있을 뿐이고, 때로는 그 전달법이 암기식 학습, 연산, 시험으로 제한적이기 때문에 아이들이 과학에서 멀어지도록 하는 역효과를 낳는다. 대부분의 사람들은 정량적인 양적 이해보다는 복잡한 방정식이 필요 없는 정성적인 질적 이해에 반응한다. 또 대중 과학 서적과 언론의 과학 기사들을 통해서 세상 돌아가는 이치를 이해할 수도 있겠지만, 큰 성공을 거둔 책도 읽는 사람은 소수에 불과하다. 과학 다큐멘터리나 영화는 상대적으로 많은 사람들이 접근할 수 있지만 일방적인 소통 방식으로 전달된다.

내가 1960년대에 우주론에 뛰어들었을 때만 해도 우주론은 과학 분야 가운데에서도 잘 알려지지 않은 기이한 분야였다. 오늘날 우주론은 거대 강입자 충돌기나 힉스 보손의 발견 같은 실험적 성과와 이론적 연구를 통해서 우리 눈앞에 우주를 펼쳐 보여주었다. 물론 여전히 답을 찾아야 하는 거대한 질문들이 있고 해야 할 연구가 첩첩이 쌓여 있다. 그러나 지금 우리는 더 많은 것을 알고 있고 이토록 짧은 시간 동안에 상상할 수 있던 것보다 더 많은 것을 이루었다.

그런데 지금의 젊은이들의 눈앞에는 무엇이 놓여 있는가? 이전 세대와 비교할 때 지금 젊은이들의 미래는 과학과 기술에 대한 의존도가 훨씬 더 높다고 나는 확신을 가지고 말할 수 있다. 젊은이들은 부모 세대들보다 과학에 대해서 더 많이 알아야 한다. 과학이 전례 없는 방식으로 그들의 삶의 일부가 되어가고 있기 때문이다.

굳이 깊이 생각하지 않더라도, 지금 보이는 경향들 그리고 지금과 앞으로 처리해야 할 문제들이 속속 등장하고 있다. 그런 문제들 가운데 나는 지구 온난화, 대규모 인구 증가에 대비하기 위한 공간과 자원의 탐사, 동식물 종들의 급속한 멸종, 재생 가능 에너지 자원 개발의 필요성, 바다 오염, 삼림 파괴와 전염병 등을 꼽는다 ― 그리고 이런 문제들은 극히 일부에 불과하다.

또한 미래의 위대한 발명들은 우리가 살고, 일하고, 먹고, 소통하고, 여행하는 방식에 혁명을 불러올 것들이다. 삶의 분야 전반에서 혁신이 일어날 엄청난 기회가 눈앞에 있다. 실로 흥미진진한 일이다. 우리는 달에서 희귀 금속을 채굴할 수도 있고, 화성에 인간 전초기지를 세울 수도 있고, 현재로서는 아무 희망도 없는 질병을 치료하고 처치할 해답을 발견할 수도 있다.

그러나 존재에 대한 거대한 질문은 여전히 답을 찾지 못한 상태이다 ─ 지구에서 생명은 어떻게 시작되었을까? 의식이란 무엇일까? 우주 저 바깥에는 누가 살고 있을까 아니면 우주에는 우리뿐인 것일까? 이 문제들의 답은 다음 세대가 찾아야 한다.

어떤 사람들은 오늘날의 인류가 진화의 정점이며, 이보다 더 좋을 수는 없다고 생각한다. 나는 이 생각에 동의하지 않는다. 우주의 경계조건에는 무엇인가 대단히 특별한 것이 있어야 하며, 경계가 없는 것보다 훨씬 더 특이한 것이 있을 수 있다. 그러나 인간의 노력에는 경계가 없어야 한다. 내가 볼 때 인류의 미래를 위해서 우리에게는 두 가지 옵션이 있다. 첫째는 사람이 거주할 수 있는 대안 행성을 위해서 우주를 탐사하는 것이고, 둘째는 우리가 사는 세상을 개선하기 위해

우리는 미래를 어떻게 만들어가야 하는가?

서 긍정적으로 인공지능을 사용하는 것이다.

지구는 우리에게 너무 비좁아지고 있다. 물리적 자원은 걱정스러울 속도로 고갈되고 있다. 인간은 지구에게 기후 변화, 공해, 기온 상승, 북극 빙하 감소, 삼림 파괴와 동물 종의 멸종이라는 재앙 같은 선물을 안겨주었다. 인구 역시 우려할 만한 속도로 증가하고 있다. 이러한 수치들을 보면 이런 지수함수에 가까운 인구 증가는 향후 1,000년 동안 계속되지 못할 것 또한 분명하다.

다른 행성의 개발을 고려해야 하는 또 한 가지 이유는 핵전쟁 발발 가능성이다. 지금껏 우리가 외계 생명체와 접촉하지 못한 이유가 문명이 우리 수준 정도까지 발달하면 불안정해져서 스스로를 파괴하기 때문이라는 이론이 있다. 지금 우리에게는 지구 위의 모든 생명체를 파괴할 기술적 능력이 있다. 최근 북한에서 일어난 사건들을 보면 이런 이론이 이론에 그치지 않을 것 같아 참으로 걱정스럽다.

그러나 나는 우리가 이런 아마겟돈의 발발 가능성을 피할 수 있으며, 이를 위한 최선의 방법 중 하나는 인간이 살 수 있는 다른 행성을 탐사하여 우주로 이주하는 것이라고 믿는다.

인류의 미래에 영향을 미칠 두 번째 발전은 인공지능의 성장이다.

인공지능 연구는 현재 급속도로 진행되고 있다. 최근에 거둔 성과인 자율 주행 자동차, 바둑 기사를 이기는 컴퓨터 그리고 디지털 개인 비서인 시리, 구글 나우 그리고 코나타의 출현은 IT 경쟁의 징후라고 볼 수 있다. 이 IT 경쟁은 현재 전무후무한 투자 지원과 점점 더 성숙해지는 이론적 기반 위에서 성장 일로에 있다. 지금의 이런 성과들도 아마 향후 수십 년 안에 등장할 것들에 비하면 빛이 바랠 것이다.

그러나 초고도 지능의 AI는 인류에게 최상의 것이 될 수도, 아니면 최악이 될 수도 있다. 우리가 무한히 AI의 도움을 받을 수 있을지, 아니면 AI에게 무시당하고 열외 당할지, 아니면 AI에 의해서 파멸을 맞이할 것인지는 알 수 없다. 낙관주의자로서 나는 세상의 이익을 위해서 AI를 창조할 수 있다고 믿으며, AI도 인간과 조화를 이루며 작동할 수 있다고 믿는다. 다만 우리는 그 위험성을 인지하고 파악하여 실행과 관리에서 최선을 다하고 앞으로 다가올 결과에 대비해야 한다.

기술은 나의 삶에도 크나큰 영향을 미쳤다. 나는 컴퓨터를 통해서 말한다. 내 병이 앗아간 목소리를 컴퓨터 보조 기술이 돌려주었다. 개인용 컴퓨터의 시대가 막 개막되던 때에 목소리를 잃었던 것은 참 다행이었다. 인텔은 25년 이상 나를 지원해왔고, 내가 사랑하고 좋아하는 일을 매일 할 수 있

우리는 미래를 어떻게 만들어가야 하는가?

게 도와주었다. 그러는 동안 세상과 세상에 영향을 미친 기술력은 극적으로 변화했다. 커뮤니케이션에서부터 유전자 연구에 이르기까지, 기술은 우리 삶의 방식 전반을, 정보에 접근하는 방법을, 그리고 그보다 더 많은 것들을 바꾸어왔다.

기술은 점점 진화해가면서 내가 미처 예측하지 못했던 가능성의 문을 열었다. 지금 장애인 지원을 위해서 개발 중인 기술들은 과거에 굳건히 버티던 소통 장벽을 무너뜨릴 방법을 제시하고 있다. 그리고 그것은 종종 미래 기술을 입증해볼 시험의 장이 된다. 음성 문자 변환, 문자 음성 변환, 홈 오토메이션, 무선 조종 운전, 심지어 세그웨이도 원래는 일상에서 상용화되기 몇 년 전에 장애인들을 위해서 개발되었던 기술이다. 이런 기술적 성과들은 우리 안의 스파크, 즉 창의력에 불이 붙으면서 태어난 것이다. 이 창의성은 물질적인 성과에서부터 이론물리학에 이르기까지 여러 다양한 형태를 띨 수 있다.

그러나 훨씬 더 많은 일이 일어날 것이다. 많은 사람들이 이용하고 있는 현재의 소통 수단들은 두뇌 인터페이스를 통해서 더 빨라지고 표현력이 더 풍부해질 수 있다. 나는 현재 페이스북을 이용하고 있다—페이스북을 통해서 친구들과 전 세계 팔로워들에게 직접 말할 수도 있고, 사람들은 내 최신 이론을 접하거나 여행 사진들을 볼 수도 있다. 그리고 내 아이들이 요즘 무엇을 하고 사는지 나에게 말해주는 것 이상을 들여다볼 수도 있다.

불과 몇 세대 전까지만 해도 우리 사회는 인터넷, 스마트폰, 의료 영상, 위성 항법장치와 소셜 네트워크 같은 것들을 이해하지 못했다. 이와 마찬가지로 우리의 미래 세상도 지금 우리가 간신히 이해할 수 있는 방식으로 조금씩 모습을 드러내기 시작할 것이다. 정보 그 자체로는 미래에 도달할 수 없겠지만, 지적이고 창의적인 정보의 활용을 통해서 미래로 나아갈 수 있다.

앞으로 올 것은 대단히 많다. 나는 이런 전망에 대해서 학생들이 거대한 영감을 가지게 되기를 바란다. 그러나 우리에게는 어린이들에게 기회를 제공하고 기초 과학 연구에 뛰어들 희망을 제시하여 아이들이 잠재력을 발휘하고 인류를 위해서 더 나은 세상을 만들어나가도록 도와줄 책임이 있다.

나는 학습과 교육의 미래가 인터넷에 있다고 믿는다. 인터넷을 통해서 사람들은 답을 얻고 상호 교류를 한다. 어떤 면에서 보면 인터넷은 거대한 뇌가 뉴런들을 서로 연결시키는 것처럼 우리를 연결시키고 있다. 이런 IQ를 가지고 우리가 못할 것이 무엇이 있겠는가?

우리는 미래를 어떻게 만들어가야 하는가?

세상을 바꿀 아이디어 중에서 작든 크든, 인류가 구현하는 것을 보고 싶은 것이 있습니까?

간단합니다. 나는 깨끗한 에너지가 제한 없이 공급되고, 화석연료 자동차에서 전기 자동차로 전환하도록 해줄 핵융합의 개발을 보고 싶습니다. 핵융합은 실용적인 전력원이 되어 공해나 지구 온난화 없이도 고갈되지 않는 에너지를 공급할 것입니다.

내가 어렸을 때에는 과학에 관심도 없고 왜 과학 때문에 골머리를 앓아야 하는지 도통 모르겠다고 공공연히 말해도 허용되는 분위기였다 ― 내가 허용했다는 것이 아니라 사회적 차원에서 말이다. 그러나 이런 말은 더 이상 옳지 않다. 좀더 분명하게 말해보자. 나는 젊은이들을 모두 과학자로 키워야 한다고 주장하려는 것이 아니다. 그것이 이상적인 상황이라고 보지도 않는다. 이 세상은 다양한 기술을 가진 다양한 사람들을 필요로 하기 때문이다. 그러나 젊은이들이 어떤 일을 선택하든 과학을 익숙하게 느끼고 자신을 가질 만큼 알아야 한다고 생각한다. 젊은이들이 과학을 이해하고, 더 많은 것을 배우기 위해서 과학과 기술의 발전에 계속 관심을 가지도록 해야 한다.

발전된 과학과 기술 그리고 그 응용을 소수의 슈퍼 엘리트들만이 이해하는 세상은, 내가 볼 때에는 위험하고 제약이 많은 세상이다. 그런 세상에서는 바다를 청소하거나 개발도상국 사람들의 질병을 치료하는 등 우리에게 이롭지만 장기적으로 진행되어야 하는 프로젝트들이 우선순위에서 밀려날 것 같다. 더 최악인 것은 우리에게 불리하게 사용될 기술이 발견되었을 때 그것을 막을 힘이 없을 수도 있다는 것이다.

나는 우리가 지능을 지닌 생명체로서 개인의 삶에서나 우

우리는 미래를 어떻게 만들어가야 하는가?

주 안에서나 성취할 수 있는 일에 한계가 있다고는 믿지 않는다. 우리는 모든 과학 분야에서 일어날 중요한 발견의 목전에 서 있다. 분명히 우리 세상은 앞으로 50년 안에 어마어마하게 변할 것이다. 빅뱅에서 무슨 일이 있었는지를 알아낼 것이다. 지구 위에서 생명이 어떻게 시작되었는지도 이해할 수 있게 될 것이다. 심지어 우주의 다른 어느 곳에 생명이 존재하는지도 알아내게 될 것이다. 외계의 지능을 가진 종과 소통할 가능성은 희박할 수 있겠지만, 그런 발견들은 너무도 중요해서 시도를 포기해서는 안 된다. 우리는 우주 거주지를 계속 탐색할 것이고, 로봇과 사람을 우주로 보낼 것이다. 점점 더 오염되어가고 인구가 증가하는 이 작은 행성 위에서 계속 내부 문제만 들여다볼 수는 없다.

우리는 과학적 노력과 기술적 혁신을 통해서 더 넓은 우주를 바라보아야 하고, 그와 동시에 지구 위의 문제들을 해결하기 위해서 노력해야 한다. 그리고 나는 궁극적으로는 다른 행성에 인류의 거주지를 만들 수 있으리라고 낙관한다. 우리는 지구를 초월하여 우주 안에서 존재하는 법을 배울 것이다.

이것은 이야기의 끝이 아니며, 나의 바람대로 우주에서 번성할 생명체들에게 펼쳐질 새로운 수십억 년의 시작이 될 것이다.

호킹의 빅 퀘스천에 대한 간결한 대답

그리고 마지막으로 한 가지—이 다음의 위대한 과학적 발견은 어디에서 찾아올지, 또는 누가 발견할 것인지는 결코 알 수 없다는 것이다. 수많은 젊은이들이 스릴 넘치고 과학적 발견의 경이에 마음을 열고 다가갈 수 있도록 혁신적인 방법을 고안한다면, 새로운 아인슈타인을 발견하여 감화시킬 확률은 비약적으로 증가할 것이다. 그런 가능성을 가진 젊은이들은 어디에나 있다.

그러므로 발을 내려다보지 말고 고개를 들어 별을 바라보자. 눈으로 보는 것을 이해하려 하고 우주가 존재할 수 있는 이유가 무엇인지 의문을 품도록 노력하자. 상상력을 가지자. 삶이 아무리 어려워도, 세상에는 해낼 수 있고 성공을 거둘 수 있는 일이 언제나 있다. 중요한 것은 포기하지 않는 것이다. 상상력을 가두어두지 말자. 미래를 만들어나가자.

후기

루시 호킹

봄날의 스산한 회색빛의 케임브리지 교정에서, 우리는 여러 대의 검은색 운구차에 타고 성모 마리아 대성당을 향해 출발했다. 대학 구내에 있는 성모 마리아 대성당은 전통적으로 유명한 학자들이 장례식을 치른 곳이다. 학기가 끝나서 거리는 조용했다. 케임브리지는 텅 빈 것 같았고, 주위에는 관광객조차도 보이지 않았다. 눈에 띄는 색깔이라고는 경찰 모터사이클 선도 팀의 경광등에서 나오는 번쩍거리는 푸른색뿐이었다. 선도 차량들은 아버지의 관을 실은 운구차를 앞서 가면서 띄엄띄엄 다니는 차들의 통행을 막아주는 역할을 하고 있었다.

좌회전을 하자, 그곳에는 사람들이, 세상에서 가장 쉽게 알아볼 수 있는 거리 중 하나이며 케임브리지의 심장부인 킹스 퍼레이드에 사람들이 빼곡히 모여 있었다. 나는 그렇게 많은 사람들이 그렇게 조용히 모여 있는 것을 본 적이 없다. 배너와 깃발과 카메라와 휴대전화를 높이 쳐들고, 거리에 늘어선 수많은 사람들이 침묵 속에 경의를 표하며 서 있었고, 생전에 아버지가 몸담았던 곤빌 앤 케이어스 대학의 수석 경비원이 중산모와 흑단 지팡이로 의식에 맞게 성장(盛裝)을 한 차림으로 엄숙하게 걸어가며 성당으로 들어가는 운구차를 맞이했다.

고모가 내 손을 꽉 잡았고 우리는 동시에 울음을 터뜨렸다. "네 아버지가 이걸 봤으면 정말 좋아했을 텐데." 고모가 나에게 속삭이셨다.

아버지가 돌아가시고 나서, 아버지가 좋아하셨을 만한 일들이 굉장히 많이 일어났고, 아버지가 그것을 알지 못하는 것이 너무나 안타까웠다. 전 세계의 사람들이 아버지에게 보여준 애정과 관심을 아버지가 알았더라면. 아버지가 한번도 만나보지 못한 수백만의 사람들이 아버지를 얼마나 사랑하고 존경하는지 알았더라면. 웨스트민스터 사원에서, 아버지의 영웅이었던 아이작 뉴턴과 찰스 다윈 사이에서 영원한 안식을 취할 수 있게 되었다는 것을 알았더라면. 그리고 땅속에서 편히 쉬는 동안 아버지의 목소리가 전파 망원경에 의해서 블랙홀을 향해서 쏘아 올려질 것이라는 것을 알았더라면.

그러나 이 모든 것을 알게 되었다면, 아버지는 이게 다 무슨 난리법석인가 의아해하셨을 것도 같다. 아버지는 놀랄만큼 검소한 사람이었고, 세상의 관심을 즐기기도 했지만 자신의 영광에 대해서는 못내 당혹스러워하시는 것 같았다. 이 책의 한 구절이 유독 내 눈에 들어왔는데, 아버지 당신에 대한 태도를 요약하는 말이었다. '내가 거기에 조금이나마 기여를 했다면.' 나의 아버지는 이 문장을 '-했다면'으로 마무리할 수 있는 유일한 사람이다. 아버지 말고 다른 모든 사람들은 아버지가 기여한 바에 확신을 가지고 있으리라고 믿는다.

그리고 그 기여는 또 얼마나 대단한 것이었는지. 아버지는 우주론 연구를 통해서 우주의 구조와 기원을 탐사하면서 대단히 중요한 족적을 남겼고, 그와 동시에 개인적인 도전 과제에 맞서 인간으로서의 고귀한 용기와 유머를 보여주었다. 그는 인내의 한계를 뛰어넘어 지식의 한계 너머까지 도달하는 길을 발견했다. 상반되는 이 두 모습의 조합으로 인해 그는 상징적인 인물이 되었고 동시에 언제나 다가갈 수 있는 친근한 사람이 되었다. 그는 고통스러웠지만 끈기 있게 버텼다. 세상과 소통하기 위해서 어마어마한 노력을 기울여야 했

후기

지만 그는 끝까지 노력했고, 몸이 점점 더 굳어가는 동안에도 끊임없이 부착되는 장비들에 꾸준히 적응했다. 말을 할 때면 정확한 어휘를 선택해서, 아버지가 사용하면 희한하게도 표현력이 풍부해지는 단조로운 전자 음성으로 말을 하면서도 최대한의 효과를 낼 수 있도록 했다. 그가 말하면 사람들은 들었다. 그 내용이 영국 국민의료보험에 관한 것이든, 우주의 확장에 관한 것이든 상관없었다. 농담을 섞을 기회가 있으면 절대 놓치지 않았고, 표정은 진지했지만 눈에는 다 안다는 듯한 반짝임이 깃들어 있었다.

내 아버지는 가정적인 사람이기도 했다. 사람들은 2014년 영화 「사랑에 대한 모든 것」이 세상에 나오기 전까지 아버지의 이런 모습을 대부분 놓치고 있었다. 분명히 1970년대에 장애를 가진 사람이 배우자와 아이들과 함께 있거나, 강한 자율성과 독립성을 보여주는 모습을 보기란 흔치 않은 일이기는 했다.

어렸을 때, 나는 아이스크림을 먹으려고 케임브리지 교정을 뛰어가는 덥수룩한 금발머리 아이 두 명과 그 뒤를 쫓아 휠체어를 타고 미친 속도로 질주하는 아버지를, 낯선 사람들이 가끔은 입을 딱 벌린 채 노골적으로 빤히 쳐다보는 것을 정말 싫어했다. 그것은 굉장히 무례한 짓이라고 생각했다.

호킹의 빅 퀘스천에 대한 간결한 대답

그래서 그런 사람들을 나는 똑같이 빤히 노려보곤 했지만, 나의 분노가 그들에게 정확히 전달되었을 것 같지는 않다. 특히 그 분노의 시선이 녹은 사탕 얼룩이 묻은 아이에게서 뿜어나오는 것이었으니.

아무리 상상력을 펼쳐보아도 나의 어린 시절은 평범하지는 않았다. 그것은 나도 잘 알았다—그러나 동시에 알지 못하기도 했다. 나는 어른들에게 도전적인 질문들을 많이 하는 것이 이상할 것 하나 없는 정상이라고 생각했다. 우리가 집에서 항상 그랬기 때문이다. 내가 교구 목사님께 신의 존재 증명에 대해서 꼬치꼬치 캐물어서 목사님이 눈물을 흘리게 한 적이 있다는 얘기는 잘 알려져 있는데, 그제야 다른 사람들은 그런 것을 예상하지 못한다는 사실을 서서히 깨닫기 시작했다.

아이였을 때 나는 질문을 잘 던지는 아이였던 것 같지는 않다. 아마도 오빠가 그런 유형이었던 것 같은데, 오빠는 여느 오빠들이 늘 그렇듯이 언제나 나를 앞섰다.(사실은 지금도 그렇다) 한번은 가족 휴가를 간 적이 있었는데, 그날은 다른 수많은 휴가 때와 마찬가지로, 신기하게도 해외 물리학회 일정과 겹쳤다. 오빠와 나는 아버지와 함께 몇몇 강연에 참석했다—그것은 아마도 끝없는 육아 부담을 짊어져야 했던 어머니에게 잠깐이나마 휴식 시간을 주기 위한 것이었을 것이다. 당시에도 물리학 강연들은 대중적으로 인기가 있지는 않았고 특히 아이들에게는 더 그랬다. 나는 그냥 거기 앉아서 공책에 이것저것 끄적거리고 있었지만, 오빠는 비쩍 마른 팔을 허공에 올리고 저명한 학자 강연자들에게 질문을 던졌다. 그런 오빠를 바라보는 아버지의 얼굴에는 온통 자랑스러운 기색이 번져 있었다.

나는 종종 '스티븐 호킹의 딸로 산다는 건 어떻습니까?'라는 질문을 받는다. 그리고 당연하겠지만, 이 질문을 충족시킬 만한 간단한 대답은 없다. 나로서는 장점은 아주 큰 장점이고 단점은 어마어마하게 큰 단점이었으며, 그 사이에 흔히 '우리한테는 평범함'이라고 부르는 것이 존재한다고 답할 수 있을 뿐이다. 나는 성인이 되어서야 우리한테는 평범했던 것이 다른 사람들에게는 그렇지 않다는 것을 인정하게 되었다.

시간이 흐르고 이 생생한 슬픔이 조금씩 무디어지면서, 나는 우리가 함께 했던 경험들을 곱씹으려면 어쩌면 영원에 가까운 시간이 걸릴 수도 있겠다는 생각이 들었다. 어떤 면에서는 내가 그것을 원하는지조차도 모르겠다. 가끔씩 나는 아버지가 나에게 했던 마지막 말들을 꼭 붙들고 있고 싶다. 아

호킹의 빅 퀘스천에 대한 간결한 대답

버지는 내가 사랑스러운 딸이었으며 결코 두려워해서는 안 된다고 말씀하셨다. 나는 아버지처럼 용감할 수는 없을 것이다―나는 태생적으로 그렇게 용감한 사람이 아니다. 그러나 아버지는 나도 노력하면 성취할 수 있다는 것을 보여주셨다. 그리고 노력은 용기에서 가장 중요한 부분이라는 사실도.

아버지는 절대 포기하지 않으셨고, 싸움에서 절대 물러서지 않으셨다. 일흔다섯의 나이로, 몸이 완전히 마비되어 얼굴 근육 몇 개만을 간신히 움직일 수 있게 되었을 때에도, 아버지는 매일 아침 일어나서 옷을 입고 일하러 나가셨다. 그에게는 할 일이 있었고, 사소한 문제들이 그를 막아서는 것은 용납하지 않으셨다. 그렇지만 아버지의 장례식에 경찰 모터사이클 팀이 교통 통제를 해주었다는 것을 아셨다면, 아버지는 그들에게 매일 아침 케임브리지의 사무실로 출근할 때 길을 좀 막아달라고 부탁하셨을 것 같기도 하다.

그래도 다행인 것은 아버지가 이 책의 존재에 대해서 아셨다는 것이다. 이 책은 그분이 지구상에서 보낸 마지막 해에 작업했던 프로젝트 중 하나였다. 아버지의 아이디어는 그분이 최근에 쓴 글들을 묶어서 책으로 내자는 것이었다. 아버지가 세상을 뜨고 일어났던 수많은 다른 일들처럼, 아버지가 이 책의 최종 버전을 볼 수 있었다면 정말로 좋아하셨을 것

이다. 나는 아버지가 이 책에 대해서 매우 자랑스러워했을
것이라고 생각한다. 그리고 결국에는 그분이 이 세상에 큰
기여를 했다는 사실을 인정하셨어야 했을 것이다.

루시 호킹

2018년 7월

호킹의 빅 퀘스천에 대한 간결한 대답

감사의 글

스티븐 호킹 재단은 이 책을 엮는 데에 도움을 준 킵 손, 에디 레드메인, 폴 데이비스, 세스 쇼스택, 데임 스테파니 셜리, 톰 나바로, 마틴 리스, 맬컴 페리, 폴 셸라드, 로버트 커비, 닉 데이비스, 케이트 크레이기, 크리스 심즈, 더그 아브람스, 제니퍼 허쉬, 앤 스페이어, 앤시아 베인, 조너선 우드, 엘리자베스 포레스터, 유리 밀너, 토머스 헤르톡, 마 후텅, 벤 보위, 페이 도우커에게 감사드립니다.

스티븐 호킹은 생애 전반에 걸쳐 여러 분야에서 과학적이고 창의적인 협력 관계를 유지한 것으로 잘 알려져 있습니다. 그의 협업은 동료들과 함께 획기적인 과학 논문을 발표한 것에서부터 「심슨 가족(The Simpsons)」 제작 팀과 함께 대본을 쓴 것까지 실로 광범위합니다. 말년에 스티븐은 자신이 활동하기 위해서 주위 사람들로부터 기술적인 측면과 커뮤니케이션 보조 측면에서 고차원적이고 전문적인 도움을 받아야 했습니다. 재단은 스티븐이 세상과 소통할 수 있도록 도와주신 모든 분들께 감사를 드립니다.

역자 후기

우리 시대를 사는 사람들 중에 스티븐 호킹(1942. 1-2018. 3)을 모르는 사람이 있을까? 과학을 전혀 모르는 사람이라도, 움직일 수 없는 몸으로 휠체어에 앉아 영민한 눈을 반짝이며 세상과 소통하는 천재 과학자 호킹은 누구나 잘 알고 있을 것이다. 인간 승리의 상징과도 같은 인물인 호킹은 이론물리학 분야에서 크나큰 업적을 이루며 이전까지 우리가 알지 못했던 우주의 신비를 세상에 알렸다. 그는 순수하게 이론만으로 블랙홀의 특성을 연구하며 우주의 기원과 종말을 추론했고, 이전까지는 전혀 별개의 것이라 여겨지던 블랙홀과 열역학의 개념들을 결합시켜 수많은 물리학자들이 꿈꾸는 양자역학과 중력의 결합에 다가설 수 있는 디딤돌을 마련했다. 또한 저술 활동과 방송, 강연 등 다양하고 친근한 방식으로 일반 대중들과 소통하며 과학의 중요성과 아름다움을 전했다.

이렇게 수많은 업적을 남긴 유명한 물리학자가 왜 노벨 물리학상을 받지 못했는지 궁금해 하는 이들이 많겠지만, 사실 대수로운 이유가 있는 것은 아니다. 물리학은 수학과 달리 순수한 이론으로써만 존재하는 것이 아니라 실험으로 이론을 검증할 수 있다는 특징이 있고, 이에 따라 노벨 물리학상은 실험으로 검증될 수 있는 내용의 연구에 수여되는 경향이 있다. 호킹의 이론은 치밀하고 아름답기는 하지만 이를 뒷받침할 실험적 증거는 아직 발견되지 않았다. 아인슈타인이 상대성이론이 아닌 광전효과의 해석으로 노벨상을 받은 것도 같은 이유 때문이다. 물론 상대성이론은 이후 여러 가지 실험에 의해서 입증되었으며, 마찬가지로 호킹의 이론도 검증할 수 있는 실험 기술이 발달하면 언젠가 실험적 증거를 얻게 될 것이다.

어차피 노벨 물리학상이 과학자를 평가하는 유일한 잣대인 것도 아니고, 상을 받지 않았다고 해서 훌륭한 과학자가 아닌 것도 아니다. 호킹은 살아서 마땅히 받아야 할 영예를 충분히 누렸고, 대중들로부터도 많은 사랑을 받았다. 이 책은 그가 뒤에 남은 우리들에게 주고 간 애정 어린 충고이자 선물이다.

이 책을 번역하는 동안 언론을 통해서 내용이 미리 알려지고, 이에 대한 대중들의 반응이 너무 격렬해서 상당히 당혹스러웠다. 호킹이 마지막 유고집에서 신의 존재를 부정하고, 앞으로 다가올 디스토피아를 예측하고 있다는 내용의 자극적인 기사들이 쏟아져 나오면서, 책이 나오기 전 기사부터 접한 분들은 나만큼이나 많이 놀라셨을 것 같다. 그러나 이 책을 처음부터 끝까지 찬찬히 읽은 독자라면 누구나 공감하겠지만, 스티븐 호킹은 그런 자극적인 이야기로 분란과 혼란을 조장하려는 것이 아니었다. 그는 이 세상에 신은 없다고 말하지만 그렇다고 해서 신을 믿는 사람들에게 지금 당장 종교를 버리라고 주장하는 것이 아니며, 인간이 지금처럼 생각 없이 산다면 암울한 미래가 다가올 것이지만 우리에게 이를 해결할 의지와 능력이 있음을 믿고 더 나은 미래를 계획하도록 촉구하고 있는 것이다.

유전자 조작으로 탄생한 초인이나 우주 개발, 인류를 위협하는 인공지능 같은 호킹의 여러 예측들은 얼핏 보면 허황된 얘기처럼 들릴지도 모르겠으나, 이러한 예측은 현재의 자료와 근거들을 바탕으로 한 과학자로서의 예측이지 예언자의 예언 같은 것이 아니다. 즉 마냥 허무맹랑한 얘기도 아니지만(실제로 얼마 전 중국에서 인류 최초로 유전자를 조작한 아기가 태어났다는 소식이 들려와 큰 충격을 안겨주기도 했다), 그렇다고 우리의 미래가 백 퍼센트 그의 예측대로 이루어진다는 의미도 아니다. 과학자의 예측은 주어진 조건과 상황을 기반으로 나오는 것이며, 조건과 상황이 달라지면 다가올 미래의 결과는 당연히 달라진다. 호킹은 우리에게 바로 그 점을 일깨워주고 있다.

그러나 무엇보다도, 나는 독자들이 이 책을 통해서 스티븐 호킹이 마지막 순간까지 보여준 인간에 대한 애정을 눈여겨봐주시기를 바란다. 그는 인류의 최선의 이익을 고민하는 과학자로서의 전형을 보여주었다. 이제 그는 그토록 사랑했던 우주로 돌아갔다. 이 행성에 남은 우리는 그가 염려했던 인류의 미래를 좋은 방향으로 바꾸기 위해서 고민하고 노력해야 하는 과제를 떠맡았다. 당장 눈앞의 문제에 매여 바쁜 일상에 치이며 살고 있지만, 이 책을 읽으며 한 번쯤 인류의 미래에 대해 깊이 고민하는 시간을 가져보는 것도 좋겠다. 그렇게 해서 우리의 미래가 더 나은 방향으로 바뀌어간다면, 이것이야말로 인류에 대한 호킹의 마지막 기여가 될 것이다.

2018년 12월
배지은

호킹의 빅 퀘스천에 대한 간결한 대답

찾아보기

찾아보기

호킹의 빅 퀘스천에 대한 간결한 대답